高等院校海洋科学专业规划教材

海洋微生物学实验

Experiments of Marine Microbiology

贾坤同 ◎ 编著

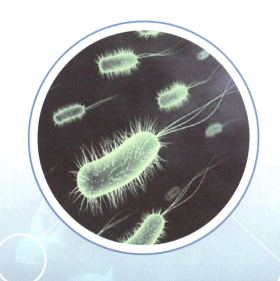

·广州·

版权所有　翻印必究

图书在版编目（CIP）数据

海洋微生物学实验/贾坤同编著. —广州：中山大学出版社，2019.9
（高等院校海洋科学专业规划教材）
ISBN 978 - 7 - 306 - 06709 - 8

Ⅰ.①海… Ⅱ.①贾… Ⅲ.①海洋微生物—实验—高等学校—教材 Ⅳ.①Q939 - 33

中国版本图书馆 CIP 数据核字（2019）第 212723 号

HAIYANG WEISHENGWUXUE SHIYAN

出版人：王天琪
策划编辑：曾育林
责任编辑：曾育林
封面设计：曾　斌
责任校对：付　辉
责任技编：何雅涛
出版发行：中山大学出版社
电　　话：编辑部 020 - 84110771，84111997，84110779，84113349
　　　　　发行部 020 - 84111998，84111981，84111160
地　　址：广州市新港西路 135 号
邮　　编：510275　　　　　传　　真：020 - 84036565
网　　址：http://www.zsup.com.cn　　E-mail：zdcbs@mail.sysu.edu.cn
印刷者：佛山市浩文彩色印刷有限公司
规　　格：787mm×1092mm　1/16　7.5 印张　200 千字
版次印次：2019 年 9 月第 1 版　2019 年 9 月第 1 次印刷
定　　价：38.00 元

如发现本书因印装质量影响阅读，请与出版社发行部联系调换

《高等院校海洋科学专业规划教材》
编审委员会

主　任　陈省平　王东晓

委　员　(以姓氏笔画排序)

　　　　王东晓　王江海　吕宝凤　刘　岚
　　　　孙晓明　苏　明　李　雁　杨清书
　　　　来志刚　吴玉萍　吴加学　何建国
　　　　邹世春　陈省平　陈保卫　易梅生
　　　　罗一鸣　赵　俊　袁建平　贾良文
　　　　夏　斌　殷克东　栾天罡　郭长军
　　　　龚　骏　龚文平　翟　伟

总　序

　　海洋与国家安全和权益维护、人类生存和可持续发展、全球气候变化、油气和某些金属矿产等战略性资源保障等息息相关。贯彻落实"海洋强国"建设和"一带一路"倡议，不仅需要高端人才的持续汇集，实现关键技术的突破和超越，而且需要培养一大批了解海洋知识、掌握海洋科技、精通海洋事务的卓越拔尖人才。

　　海洋科学涉及领域极为宽广，几乎涵盖了传统所熟知的"陆地学科"。当前海洋科学更加强调整体观、系统观的研究思路，从单一学科向多学科交叉融合的趋势发展十分明显。在海洋科学的本科人才培养中，如何解决"广博"与"专深"的关系，十分关键。基于此，我们本着"博学专长"的理念，按照"243"思路，构建"学科大类→专业方向→综合提升"专业课程体系。其中，学科大类板块设置基础和核心2类课程，以培养宽广知识面，让学生掌握海洋科学理论基础和核心知识；专业方向板块从第四学期开始，按海洋生物、海洋地质、物理海洋和海洋化学4个方向，进行"四选一"分流，让学生掌握扎实的专业知识；综合提升板块设置选修课、实践课和毕业论文3个模块，以推动学生更自主、个性化、综合性地学习，提高其专业素养。

　　相对于数学、物理学、化学、生物学、地质学等专业，海洋科学专业开办时间较短，教材积累相对欠缺，部分课程尚无正式教材，部分课程虽有教材但专业适用性不理想或知识内容较为陈旧。我们基于"243"课程体系，固化课程内容，建设海洋科学专业系列教材：一是引进、翻译和出版 Descriptive Physical Oceanography: An Introduction (6th ed)（《物理海洋学·第6版》）、Chemical Oceanography (4th ed)（《化学海洋学·第4版》）、Biological Oceanography (2nd ed)（《生物海洋学·第2版》）、Introduction to Satellite Oceanography（《卫星海洋学》）等原版教材；二是编著、出版《海洋植物学》《海洋仪器分析》《海岸动力地貌学》《海洋地图与测量学》《海洋污染与毒理》《海洋气象学》《海洋观测技术》《海洋油

气地质学》等理论课教材；三是编著、出版《海洋沉积动力学实验》《海洋化学实验》《海洋动物学实验》《海洋生态学实验》《海洋微生物学实验》《海洋科学专业实习》《海洋科学综合实习》等实验教材或实习指导书，预计最终将出版40多部系列教材。

教材建设是高校的基础建设，对实现人才培养目标起着重要作用。在教育部、广东省和中山大学等教学质量工程项目的支持下，我们以教师为主体，及时把本学科发展的新成果引入教材，并突出以学生为中心，使教学内容更具针对性和适用性。谨此对所有参与系列教材建设的教师和学生表示感谢。

系列教材建设是一项长期持续的过程，我们致力于突出前沿性、科学性和适用性，并强调内容的衔接，以形成完整知识体系。

因时间仓促，教材中难免有所不足和疏漏，敬请不吝指正。

《高等院校海洋科学专业规划教材》编审委员会

前　　言

　　海洋作为生命的摇篮，覆盖地球表面积的71%，是全球最大的生态系统。海洋生物占所有生物种类的80%以上，其中海洋微生物占海洋总生物量的95%以上，种类多达上亿种，已发现的类群主要包括病毒、古细菌、粘细菌、微藻、真菌等。与陆地相比，海洋环境具有高盐、高压、低温和营养稀少的特点。海洋微生物在长期的进化过程中，形成了独特和多样的机制来适应高压、黑暗、高盐、低温和寡营养等严酷的生存环境，从而进化出基因型、代谢途径和生理生态功能的多样性。海洋环境中种类繁多的海洋微生物是海洋生态系统的重要组成部分。它们在海洋的物质循环、能量流动、生态平衡过程中都扮演着重要的角色，特别是对于维持海洋系统的功能、驱动物种/群落多样性的演化具有至关重要的作用，因此海洋微生物的研究日益受到重视。

　　海洋微生物学是近年来发展迅速的新兴学科之一，各国对海洋微生物人才的需求日益增长。高校是教育和培养海洋微生物人才的重要基地，开展海洋微生物学的理论教学和海洋微生物学实验的实践教学，是高校教育和培养青年海洋微生物人才的重要途径。海洋微生物学实验在培养高校学生的实验操作技能、创新思维能力和独立工作能力等方面发挥重要作用。本教材在实验内容安排上，在吸纳部分微生物学实验课内容的同时，在实验材料选择和实验内容安排中凸显海洋微生物特色，增加学生在学习过程中的新鲜感。第一部分实验是利用海洋微生物作为主要实验材料，设计一些相对简单的实验内容，让学生掌握微生物学实验的基本技术：无菌操作技术、显微镜技术、染色技术、微生物的分离培养技术、微生物计数技术等。第二部分是在学生已具备微生物学实验的基本操作技能的基础之上，开展一些综合性和研究性的实验内容。内容包括：多种海洋细菌、真菌的分离培养、鉴定及生物学特性分析；海洋病毒的分离、浓缩及鉴定等。在这部分实验内容的设计过程中注重先进性和可操作性，特别是注重与多种分子生物学和细胞生物学技术相结合，如：DNA和RNA的提取、聚合酶链式反应、琼脂糖凝胶电泳、细胞培养等，体现海洋微生物学与其他学科之间的交叉。

本书在编写过程中得到诸多单位的大力支持。特别感谢中山大学海洋科学学院和中山大学出版社领导和同事的关心和支持。

由于编者水平有限，不当之处在所难免，恳请国内外同行和广大读者指正。

编著者

2019 年 7 月 1 日

目　　录

实验一　细菌的简单染色和革兰氏染色 ……………………………………… 2
实验二　细菌的孢子、荚膜和鞭毛染色 ………………………………………… 8
实验三　微生物培养基制备、灭菌及消毒技术 ……………………………… 14
实验四　微生物显微镜计数法 ………………………………………………… 23
实验五　微生物的接种、分离和培养及无菌操作 …………………………… 27
实验六　平板菌落计数法 ……………………………………………………… 32
实验七　盐度（渗透压）对微生物生长的影响 ………………………………… 36
实验八　氧气对微生物生长的影响 …………………………………………… 38
实验九　化学药剂对微生物的影响 …………………………………………… 41
实验十　大肠杆菌基因组的提取 ……………………………………………… 44
实验十一　海洋酵母菌的分离培养及鉴定 …………………………………… 46
实验十二　产纤维素酶海洋酵母的分离及筛选 ……………………………… 50
实验十三　海洋噬菌体的分离纯化及效价测定 ……………………………… 53
实验十四　海洋细菌的分离培养及鉴定 ……………………………………… 58
实验十五　金黄色葡萄球菌的海洋拮抗细菌的分离及筛选 ………………… 62
实验十六　海水鱼类病毒性病原体的分离及鉴定 …………………………… 65
实验十七　海洋发光细菌的分离、培养及鉴定 ……………………………… 69
实验十八　海水鱼类细菌病原体的分离及鉴定 ……………………………… 74
实验十九　海水鱼类肠道微生物的分离、培养及鉴定 ……………………… 77
实验二十　海洋放线菌的分离、培养及鉴定 ………………………………… 82
实验二十一　海洋细菌荧光显微计数 ………………………………………… 85
实验二十二　海洋真菌的分离、鉴定及其抗菌活性分析 …………………… 87
实验二十三　絮凝法分离和浓缩海洋病毒 …………………………………… 92
实验二十四　超滤法浓缩海洋病毒 …………………………………………… 94
附录一　常用染色液和试剂配方 ……………………………………………… 99
附录二　微生物培养基的配制 ………………………………………………… 104
参考文献 ………………………………………………………………………… 110

海洋微生物实验室安全守则

（1）实验室内保持整洁，保持安静，勿大声喧哗和随意走动。
（2）进入实验室必须穿着实验服，不准把食物、食具带进实验室。
（3）在实验室内使用高压灭菌锅时，必须熟悉操作过程，操作时不得离开，时刻注意灭菌锅工作状况，以免发生危险。
（4）严格遵守安全用电规程，不准擅自拆修电器。
（5）规范使用显微镜，爱护显微镜镜头。
（6）实验过程中使用的菌株须统一回收，避免菌株外流。
（7）实验人员要熟悉灭火器使用方法并掌握有关灭火知识。
（8）实验结束，打扫实验区卫生；离开实验室前需洗手，并检查水、电和门窗，确保安全。

实验一 细菌的简单染色和革兰氏染色

一、实验目的

(1) 了解细菌简单染色和革兰氏染色的基本原理。
(2) 学习微生物涂片、染色的基本技术,并掌握革兰氏染色的方法。
(3) 掌握显微镜(油镜)的使用方法和无菌操作技术。

二、实验原理

细菌的细胞小而透明,在普通的光学显微镜下不易识别,必须对它们进行染色。利用单一染料对细菌进行染色,使染色后的菌体与背景形成明显的色差,从而能更清楚地观察其形态和结构。

(一) 简单染色法

用于生物染色的染料主要有碱性染料、酸性染料和中性染料三大类。在中性、碱性或弱酸性溶液中,细菌细胞通常带负电荷。而碱性染料在电离时,其分子的染色部分带正电荷。因此,碱性染料的染色部分很容易与细菌结合使细菌着色,经染色后的细菌细胞与背景形成鲜明的对比,在显微镜下易于识别。

常见的碱性染料有亚甲基蓝、结晶紫、碱性复红、孔雀绿和番红等。

(二) 革兰氏染色法

丹麦医生 Gram 在 1884 年创立革兰氏染色法(Gram stain)。革兰氏染色法不仅能观察到细菌的形态特征,而且还可将所有细菌区分为两大类:染色反应呈蓝紫色的称为革兰氏阳性细菌,用 G^+ 表示;染色反应呈红色(复染颜色)的称为革兰氏阴性细菌,用 G^- 表示。细菌对于革兰氏染色的不同反应,是由它们细胞壁的成分和结构不同造成的。革兰氏阳性细菌的细胞壁主要是由肽聚糖形成的网状结构组成,在染色过程中,当用乙醇或丙酮等有机溶剂处理时,由于脱水而引起网状结构中的孔径变小,通透性降低,使结晶紫-碘复合物被保留在细胞内而不易着色,因此呈现蓝紫色;革兰氏阴性细菌的细胞壁中肽聚糖含量低,而脂类物质含量高,当用乙醇处理时,脂类物质溶解,细胞壁的通透性增加,使结晶紫-碘复合物易被乙醇抽出而脱色,然后又被染上了复染液(番红)的颜色,因此呈现红色。

三、实验材料

(一) 菌种

大肠杆菌（*Escherichia coli*）、金黄色葡萄球菌（*Staphylococcus aureus*）、枯草芽孢杆菌（*Bacillus subtilis*）、变形杆菌（*Proteus species*）。

(二) 实验材料和仪器

石碳酸复红染液、草酸铵结晶紫染液、美蓝染液、碘液、95%的乙醇、番红（沙黄）染液、生理盐水或蒸馏水、显微镜、香柏油、擦镜纸、吸水纸、接种环、载玻片、酒精灯、镊子。

四、实验方法

(一) 简单染色（见图1-1）

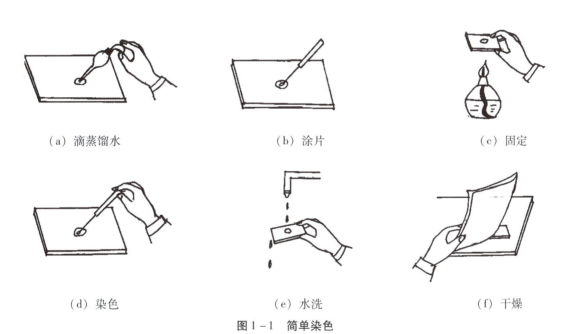

(a) 滴蒸馏水　　　　　　(b) 涂片　　　　　　(c) 固定

(d) 染色　　　　　　(e) 水洗　　　　　　(f) 干燥

图1-1　简单染色

1. 涂片

取干净的载玻片置于实验台上,在载玻片的中央滴 1 滴无菌蒸馏水,将接种环在火焰上烧红,待冷却后挑取少量菌种与玻片上的水滴混匀,在载玻片上涂布成一均匀的薄层,涂布面不宜过大。注意取菌不宜过多。

2. 干燥和固定

室温自然干燥,也可以将涂面朝上在酒精灯上方稍微加热,使其干燥。但切勿离火焰太近,因为温度太高会破坏菌体形态。将载玻片有菌面向上,手持载玻片一端,迅速通过酒精灯火焰 2～3 次。

3. 染色

在涂布区上滴加染色液(石碳酸复红、草酸铵结晶紫或美蓝任选一种)1 滴,使染色液覆盖涂片,染色约 1 min。

4. 水洗

倾去染液,用水从载玻片一端轻轻冲洗,直至从涂片上流下的水无色为止。水洗时,不要用水流直接冲洗涂面。水流不宜过急、过大,以免涂片薄膜脱落。

5. 干燥

用吸水纸吸去涂片边缘的水珠,置于室温下自然干燥。用吸水纸时切勿将菌体擦掉。

6. 镜检

涂片干燥后,先用低倍镜观察,再用高倍镜观察,找出合适的视野后,将高倍镜转出,在涂片上加香柏油 1 滴,将油镜头浸入油滴中,仔细观察细菌的形态。

(二) 革兰氏染色（见图 1-2）

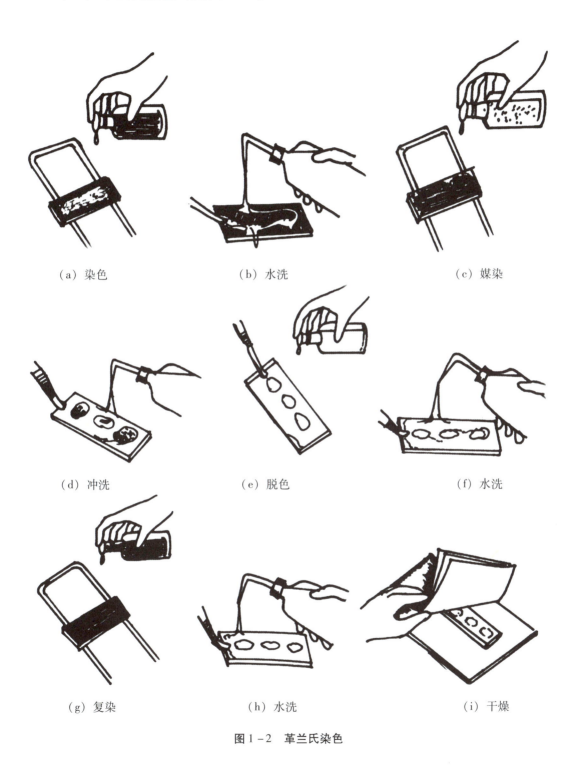

(a) 染色　　　　　(b) 水洗　　　　　(c) 媒染

(d) 冲洗　　　　　(e) 脱色　　　　　(f) 水洗

(g) 复染　　　　　(h) 水洗　　　　　(i) 干燥

图 1-2　革兰氏染色

1. 涂片

取干净的载玻片置于实验台上，在载玻片的中央滴 1 滴无菌蒸馏水，将接种环在火焰上烧红。待冷却后，挑取少量菌种与玻片上的水滴混匀，在载玻片上涂布成一均匀的薄层，涂布面不宜过大。注意取菌不要太多。

2. 干燥

室温自然干燥。也可以将涂面朝上在酒精灯上方稍微加热，使其干燥。但切勿离火焰太近，因为温度太高会破坏菌体形态。

3. 固定

将载玻片有菌面向上，手持载玻片一端，迅速通过酒精灯火焰 2～3 次。

4. 染色

（1）初染。滴加结晶紫染色液于玻片的涂面上，染色 1～2 min，水洗。

（2）媒染。滴加碘液于玻片的涂面上，染色 1 min，水洗。

（3）脱色。将玻片倾斜，在白色背景下，用滴管滴加 95% 的乙醇脱色，当流出的乙醇刚好无紫色时，立即水洗，终止脱色。

（4）复染。在涂片上滴加番红染液（又称沙黄染液）复染 2～3 min，水洗，然后用吸水纸吸干。

5. 水洗

倾去染液，用水从载玻片一端轻轻冲洗，直至从涂片上流下的水无色为止。

6. 干燥

用吸水纸吸去涂片边缘的水珠，置于室温下自然干燥。用吸水纸时切勿将菌体擦掉。

7. 镜检

涂片干燥后，先用低倍镜观察，再用高倍镜观察，找出合适的视野后，将高倍镜转出，在涂片上加香柏油 1 滴，将油镜头浸入油滴中，仔细观察细菌的颜色与形态。

五、实验结果

（1）比较各菌株的染色结果及形态特征，并绘出其形态图。

（2）分析革兰氏染色结果。

六、注意事项

（1）革兰氏染色成败的关键是酒精脱色。如脱色过度，革兰氏阳性菌也可被脱色而染成阴性菌；如脱色时间过短，革兰氏阴性菌也会被染成革兰氏阳性菌。脱色时间的长短还受涂片厚薄及乙醇用量多少等因素的影响，难以严格规定，因此需要在实验过程中对实验条件进行优化。

（2）染色过程中勿使染色液干涸。用水冲洗后，可吸去玻片上的残水，以免染色液被稀释而影响染色效果。

（3）选用幼龄的细菌，因为菌龄太老，其中的菌体死亡或自溶常使革兰氏阳性菌转成阴性反应。

七、思考讨论

（1）简述简单染色法和革兰氏染色法的原理。

（2）革兰氏染色成败的关键一步是什么？

（3）革兰氏染色时，初染前能加碘液吗？乙醇脱色后复染之前，革兰氏阳性菌和革兰氏阴性菌应分别是什么颜色？

实验二　细菌的孢子、荚膜和鞭毛染色

一、实验目的

(1) 认识细菌的特殊结构,如内生孢子、荚膜和鞭毛。
(2) 掌握细菌内生孢子、荚膜和鞭毛的染色技术。
(3) 练习手绘细菌特殊结构图片。

二、实验原理

细菌通常体积小且透明,并含有大量水分,这使细菌对光线的吸收和反射与水溶液相差不大。因此,为了观察细胞内部结构和总体形态,有必要通过染色使其变得可见。由于菌体的性质及各部分对某些染料的着色性不同,因此,可以利用不同的染色方法来区别不同的细菌及其结构。

（一）芽孢染色

芽孢是芽孢杆菌属和梭菌属细菌生长到一定阶段形成的一种抗逆性很强的休眠体结构,也被称为内生孢子,通常为圆形或椭圆形。在合适的条件下,可吸水萌发,重新形成一个新的菌体。是否产生芽孢,以及芽孢的形状、着生部位、芽孢囊是否膨大等特征是细菌分类的重要指标。产内芽孢菌的生活史见图2-1。

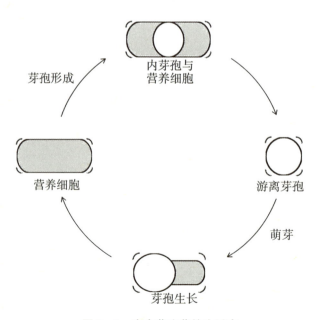

图2-1　产内芽孢菌的生活史

芽孢染色法是利用细菌的芽孢和菌体对染料的亲和力不同的原理，用不同的染料进行着色，使芽孢和菌体呈不同的颜色而便于区别。芽孢壁厚、透性低，着色、脱色均较困难，因此，先用一弱碱性染料，如孔雀绿或碱性品红在加热条件下进行染色，此染料不仅可以进入菌体，而且可以进入芽孢。进入菌体的染料可经水洗脱色，而进入芽孢的染料则难以透出，若再用复染液（如番红液）或衬托溶液（如黑色素溶液）处理，则菌体和芽孢易于区分。

（二）荚膜染色

荚膜是包围在细菌细胞外面的一层黏性物质，其主要成分是多糖类，不易被染色，故常用衬托染色法，即将菌体和背景着色，而把不着色且透明的荚膜衬托出来。荚膜很薄，易变形，因此，制片时一般不用热固定。见图2-2。

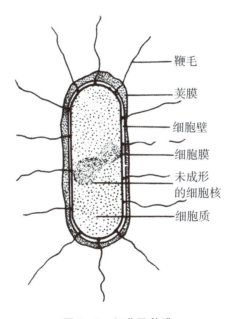

图2-2 细菌及荚膜

（三）鞭毛染色

鞭毛是细菌的运动"器官"，一般细菌的鞭毛都非常纤细，其直径为0.01～0.02 μm，在普通光学显微镜的分辨力限度以外，故需要用特殊的鞭毛染色法才能看到。鞭毛染色是借助媒染剂和染色剂的沉淀作用，使染料堆积在鞭毛上，以加粗鞭毛的直径，同时使鞭毛着色，在普通光学显微镜下能够看到。见图2-3。

（a） （b） （c） （d）

注：（a）偏生鞭毛，鞭毛极生，单根鞭毛位于细胞的一端；（b）丛生鞭毛，鞭毛极生，多跟鞭毛成群地位于细胞的一端；（c）两端鞭毛，鞭毛极生，单根鞭毛位于细胞的两端；（d）周生鞭毛，鞭毛位于细胞周围。

图 2-3　细菌鞭毛排布

三、实验材料

（一）实验菌株

枯草芽孢杆菌、梭状芽孢杆菌、圆褐固氮菌、苏云金芽孢杆菌、假单胞菌、金黄色葡萄球菌。

（二）实验试剂

5%的孔雀绿水溶液、0.5%的番红水溶液、无菌水、墨汁、复红染色液、鞭毛染色液。

（三）实验仪器

普通光学显微镜、擦镜纸、酒精灯、载玻片、接种针、培养皿等。

四、实验方法

（一）细菌芽孢染色法

1. 洗片、干燥

取一块载玻片，用水浸湿，使用去污粉洗净玻片，竖立在一边自然干燥。干燥后在玻片的一面用记号笔做好标记。方便以后水洗染料，避免洗去细菌。

2. 涂片

取一块载玻片，在上边用胶头滴管加半滴无菌水，将沾有菌的接种环置于载玻片上的无菌水中涂抹均匀，待看到微弱的浑浊即可（注意取菌不要太多）。

3. 加热固定

涂菌面朝上，通过火焰以干燥并固定细菌，固定过程应使载玻片通过火焰 2~3 次，注意温度的控制，过热的温度会将细菌杀死，温度以手背感觉微微发烫为标准。

4. 染色

向载玻片滴加数滴5%的孔雀绿水溶液覆盖涂菌位置，用夹子夹住载玻片，在微火上加热至染液冒蒸汽并维持5 min，加热时注意补充染液，切勿使涂片干涸。

5. 脱色

冷却后，用缓流蒸馏水冲洗至流出水为无色。

6. 复染

用0.5%的番红水溶液复染2 min。

7. 水洗

用缓流蒸馏水冲洗至流出水为无色。

8. 干燥镜检

将制备好的样片置于显微镜下进行观察，先低倍观察，再高倍观察，找出适当的视野后，将高倍镜转出，在涂片上加香柏油，用油镜观察细菌的形态。

9. 染色结果

镜检观察，芽孢呈绿色，菌体为红色。枯草芽孢杆菌菌体形态为短杆状，末端钝圆，单生或形成短链，芽孢呈椭圆状，位于菌体中央或稍偏，含芽孢菌体不膨大。梭状芽孢杆菌芽孢呈圆形或卵圆形，直径大于菌体，位于菌体中央或极端，菌体膨大呈梭状。

（二）细菌荚膜染色法

1. 制片

取洁净的载玻片一块，加蒸馏水一滴，取少量菌体放入水滴中混匀并涂布。

2. 干燥

将涂片放在空气中晾干或用电吹风冷风吹干。

3. 染色

在涂面上加复红染色液染色3～5 min。

4. 水洗

用水洗去复红染液。

5. 干燥

将染色片放在空气中晾干。

6. 涂黑素

在染色涂面左边加一小滴墨汁，用一边缘光滑的载玻片轻轻接触墨汁，使墨汁沿玻片后缘散开（夹角30°），然后推向另一侧，使黑素在染色涂面上成为一薄层，并迅速风干。

7. 镜检

先低倍镜观察，再高倍镜油镜观察。背景黑色，荚膜无色，细胞红色。

（三）细菌鞭毛染色（硝酸银染色法）

1. 活化菌种

冰箱中保存的菌种，通常要连续移种 1～2 次，接种于新配制的营养琼脂斜面（表面较湿润，基部有冷凝水），28～32 ℃培养 10～14 h，取斜面和冷凝水交接处培养物作染色材料；或点种于新制备的营养琼脂平板中央，28～32 ℃培养 18～30 h，让菌种扩散生长，取菌落边缘的菌苔作染色材料。

2. 制备菌液

取斜面或平板菌种培养物数环于盛有 1～2 mL 无菌水的试管中，制成轻度浑浊的菌悬液用于制片。也可用培养物直接制片，但效果往往不如先制备菌液好。

3. 制片

取一滴菌液于载玻片的一端，然后将玻片倾斜，使菌液缓缓流向另一端，用吸水纸吸去玻片下端多余菌液，室温自然干燥后，尽快染色。

4. 染色

滴加硝酸银染色 A 液，染 3～5 min，用蒸馏水充分洗去 A 液。用 B 液冲去残水后，再加 B 液覆盖涂片染色数秒至 1 min，当涂面出现明显褐色时，立即用蒸馏水冲洗。若加 B 液后显色较慢，可用微火加热，当显褐色时立即水洗，自然干燥。

5. 镜检

用油镜观察。观察时，可从玻片的一端逐渐移至另一端，有时只在涂片的某一区域观察到鞭毛。

五、实验结果

（1）比较各菌株的染色结果及形态特征，并绘出其形态图。
（2）鞭毛染色时，若发现鞭毛已与菌体脱离，请解释原因。

六、注意事项

（1）芽孢染色时，应选用适当菌龄的菌种，因为幼龄菌尚未形成芽孢，而老龄菌芽孢囊已经破裂。同时，加热染色时必须维持在染液冒蒸汽的状态，加热沸腾会导致菌体或芽孢囊破裂。

（2）加热染色时要控制好时间，加热不够则芽孢难以着色；时间过长会使染色过深，不易洗脱。脱色时必须等待玻片冷却以后进行，否则骤然用冷水冲洗会导致玻片破裂。

七、思考讨论

（1）为什么芽孢染色需要进行加热？能否用简单染色法观察到细菌芽孢？

（2）若在你的制片中仅看到游离芽孢，而很少看到芽孢囊和营养细胞，试分析原因。

（3）荚膜负染法为什么不用热固定？

（4）为什么包在荚膜内的菌体着色，而荚膜不着色？

（5）除鞭毛染色法外，还有什么方法能观察到鞭毛？

（6）是否对自己所做的鞭毛染色结果满意？如果不满意，有哪些方面需要改进？如果满意，你的成功经验是什么？

实验三 微生物培养基制备、灭菌及消毒技术

一、实验目的

(1) 掌握微生物培养基的配制原理和方法。
(2) 熟悉常见灭菌方法,掌握干热灭菌法和加压蒸汽灭菌法的原理及其使用方法。
(3) 熟悉分离和培养微生物前的有关准备工作及操作方法。

二、实验原理

(一) 微生物培养基

微生物培养基是提供微生物生长、繁殖、代谢的混合养料,用于保证微生物繁殖或保持其活力。一般地,培养基中应含有碳源、氮源、能源、无机盐、生长因子和水六大营养元素。

培养基配置必须符合以下条件:①适当组分和比例的营养物质;②适宜的pH;③适宜的渗透压;④保持无菌状态。

培养基是培养微生物所必需的最主要材料。培养基的配制是微生物学工作者需要掌握的主要技术之一。

(二) 培养基分类

由于微生物营养类型复杂,不同微生物对营养物质的需求也不一样,因此,微生物培养基种类繁多。例如,按培养的微生物不同,可分为牛肉膏蛋白胨培养基(培养细菌)、高氏一号合成培养基(培养放线菌)和马丁氏培养基(培养真菌)等;按物理状态不同,可分为固体培养基、半固体培养基和液体培养基等。按培养基的组成成分不同,可将培养基分为三类:①合成培养基:由各种纯化学物质按一定比例配制而成。②半合成培养基:由一部分纯化学物质和另一部分天然物质配制而成。③天然培养基:利用天然来源的有机物配制而成。

配置固体培养基时需要加入 1.5%~2.0% 琼脂作凝固剂。

不同的微生物对培养基 pH 要求不同,霉菌和酵母菌的培养基 pH 一般是偏酸性的,而细菌和放线菌的培养基 pH 一般为中性或微碱性。

海洋微生物培养过程中常用培养基为 2216E。

（三）灭菌

灭菌是指利用强烈的理化因素对任何物体内外部的一切微生物进行处理，使其永远丧失生长繁殖能力。微生物试验要求严格的无菌条件，因此，实验用的器皿、培养基等都需要经过预先灭菌后方可使用。微生物实验中常用的灭菌方法有干热灭菌、高压蒸汽灭菌、紫外线（UV）灭菌和过滤除菌等，可根据具体情况选用不同的灭菌方法。

三、实验材料

（一）实验仪器

锥形瓶、试管、烧杯、量筒、玻璃棒、培养皿、电磁炉、高压蒸汽灭菌锅、精密pH试纸（pH测定范围为5.5～9.0）、牛角匙、橡胶塞、牛皮纸、记号笔、纱布、棉绳等。

（二）实验试剂

牛肉膏、蛋白胨、酵母膏、麦芽糖、可溶性淀粉、葡萄糖、琼脂、酵母浸出粉、酪蛋白水解物、NaCl、陈海水（即在黑暗中放置数周的天然海水）、KH_2PO_4、$MgSO_4$、磷酸高铁、丙酮酸钠、1 mol/L NaOH、1 mol/L HCl 等。

四、实验方法

（一）玻璃器皿的洗涤

玻璃器皿在使用前必须用洗涤剂洗刷干净，然后用蒸馏水冲净，置于烘箱中烘干备用。

（二）2216E 培养基的配制

1. 培养基配制

（1）称量：按照培养基配方，精确称取各种原料放于烧杯中。

（2）溶化：在烧杯中加入所需水量，用玻棒搅匀，加热溶解。

（3）调 pH（也可以在加琼脂后再调）：一般先用 pH 试纸测定培养基的 pH，再用 1 mol/L HCl 或 1 mol/L NaOH 溶液进行调节。调节 pH 时，应逐滴加入 NaOH 或 HCl 溶液，防止局部过酸或过碱，破坏培养基成分。边加边搅拌，并不时用 pH 试纸测试，直至达到所需 pH 为止。

2. 制备液体培养基

用量筒准确量取 200 mL 培养基，倒入 500 mL 锥形瓶中，塞好棉塞，用牛皮纸包好瓶口并用棉线包扎好,灭菌。

3. 制备固体培养基

1)平板培养基。

(1)用量筒准确量取 200 mL 培养基,倒入 500 mL 锥形瓶中,加入 4 g 琼脂粉,塞好棉塞,用牛皮纸包好瓶口并用棉线包扎好,灭菌。

(2)将洗净烘干的培养皿用牛皮纸包扎好,灭菌。

(3)在超净工作台中,将装在锥形瓶中已灭菌的琼脂培养基冷却至 50 ℃ 左右,再倾入无菌培养皿中。平板的制作应在火旁进行,左手拿培养皿,右手拿锥形瓶的底部,左手同时用小指和手掌将棉塞打开,灼烧瓶口,用左手大拇指将培养皿盖打开,倾入 10～15 mL 培养基,迅速盖好皿盖,置于桌上,轻轻旋转平皿,使培养基均匀分布于整个平皿中,冷凝后即成平板。见图 3-1。

图 3-1 倒平板

2)斜面培养基。

(1)用量筒量取 100 mL 培养基,倒入烧杯中,加入 2 g 琼脂粉,置于石棉网上加热,用玻璃棒搅动至琼脂粉溶解。在琼脂溶化过程中,需不断搅拌并控制火力,不要使培养基溢出或烧焦,待完全溶解后,补足所失水分。

(2)分装:在漏斗架上分装。根据不同的需要进行分装,一般制斜面的装置为管高的 1/5。特别注意不要使培养基沾在管(瓶)口上,以免浸湿棉塞,引起污染。见图 3-2。

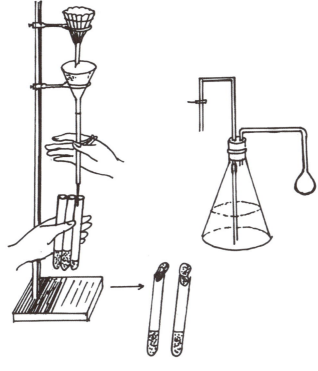

图3-2 培养基的分装

(3) 包扎成捆，做好标记。培养基分装好后，塞上棉塞，用防水纸包扎成捆，做好标记。

(4) 灭菌备用。灭菌后如需制成斜面的，试管取出后，摆成斜面培养基。培养基在37 ℃恒温培养箱中培养24 h，确认无菌生长，方可使用。见图3-3。

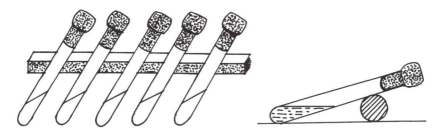

图3-3 灭菌的试管培养基趁热摆成斜面

（三）四种培养基的配方及具体配制方法

1. 2216E 固体培养基（见表 3-1）

表 3-1 2216E 固体培养基

成　分	含　量
蛋白胨	5 g
酵母膏	1 g
磷酸高铁	0.01 g
琼脂	15～20 g
陈海水	1 000 mL

最终 pH 为 7.2 ± 0.2。

2. R2A 培养基（见表 3-2）

表 3-2 R2A 培养基

成　分	含　量
酵母浸出粉	0.5 g
蛋白胨	0.5 g
酪蛋白水解物	0.5 g
葡萄糖	0.5 g
可溶性淀粉	0.5 g
磷酸二氢钾	0.3 g
无水硫酸镁	0.024 g
琼脂	15 g
蒸馏水	1 000 mL

最终 pH 为 7.2 ± 0.2。

3. 海洋酵母培养基（见表 3-3）

表 3-3 海洋酵母培养基

成　　分	含　　量
蛋白胨	10 g
麦芽糖	10 g
琼脂	20 g
陈海水	1 000 mL

最终 pH 为 7.2 ± 0.2。

4. 牛肉膏蛋白胨培养基（见表 3-4）

表 3-4 牛肉膏蛋白胨培养基

成　　分	含　　量
牛肉膏	5 g
蛋白胨	10 g
NaCl	5 g
蒸馏水	1 000 mL

最终 pH 为 7.2 ± 0.2。

（四）培养基和玻璃器材的灭菌方法

灭菌的方法，通常可以分为四大类：①加热灭菌：包括直接灼烧灭菌、干热灭菌、加压蒸汽灭菌、间歇灭菌和煮沸消毒。②过滤除菌。③射线灭菌和消毒。④化学药剂灭菌和消毒。

在本实验中，将介绍与培养基和玻璃器材灭菌有关的部分灭菌方法。

1. 干热灭菌法（即热空气灭菌法）

干热灭菌一般是利用电热烘箱作为干热灭菌器。将前面所包装好的玻璃器皿，如三角瓶、试管、吸管、培养皿等，放入电热烘箱中。

打开烘箱顶部的通气孔，接上电源加热，使箱内空气温度达到 160～170 ℃，关闭通气孔使箱内温度保持在 160 ℃左右并维持 1.5～2 h。灭菌完成，切断电源。待温度下降至 70 ℃以下，方可打开箱门取灭菌物品，否则骤冷后易使箱内玻璃仪器破损。

2. 加压蒸汽灭菌法

利用高压灭菌器，使水的沸点在密闭的灭菌器内随压力升高而增高，从而提高蒸汽的温度和灭菌的效率。

在同一温度下湿热的杀菌效率比干热大,因为微生物细胞蛋白质在湿热情况下,易干凝固。同时,湿热的穿透力强,且水蒸气具有潜热,当水蒸气与被灭菌的物品相接触后,可凝结成水,放出汽化潜热,逐步提高被灭菌物品的温度,直至与水蒸气的温度相等,从而提高灭菌效率。

3. 间歇灭菌法

常采用阿诺(Arnold)氏灭菌器和柯赫(Koch)氏灭菌器或蒸笼灭菌,常压条件下蒸汽温度不超过 100 ℃。在没有高压灭菌器设备的情况下或对于不宜加压灭菌的物品,可采用此法灭菌。

将待灭菌物品放在灭菌器或蒸笼里,每天蒸煮 1 次,每次煮沸 1 h,连续 3 天重复进行。在每两次蒸煮之间,将物品(指培养基)放在 37 ℃恒温条件下培养过夜,这样可以使每次蒸煮后未杀死的残留芽孢萌发成营养体,以便下次蒸煮时杀灭。

4. 过滤除菌法

一些不能加热灭菌的液体物质(如维生素、血清),可以用过滤除菌法,一般用细菌过滤器(直径 0.45 μm)进行除菌。

细菌过滤器中的过滤板常用陶瓷、硅藻土或石棉等制成,过滤板孔眼很小,细菌不能通过。因此,过滤后的液体就除去了细菌。在进行过滤除菌前,整个细菌过滤器和接受液体的器皿,必须要包装妥当并进行加压蒸汽灭菌后方可使用。

5. 紫外线灭菌

波长 260～280 nm 之间的紫外线有很强的杀菌能力,一般紫外灯管能产生 253.7 nm 的紫外光,杀菌力强而稳定,但穿透力弱。一般只适宜物体表面、空气灭菌。例如,接种室、培养室、手术室、药厂包装室等空气灭菌。一般 30 W 灯管,9 m³ 空间,距地面 2 m,每次打开紫外线照射 0.5 h,就能够使室内空气灭菌。在照射紫外线前,先喷洒石碳酸(苯酚)等化学消毒剂,可增强灭菌效果。

在进行微生物接种和分离等操作时,常需用紫外线来杀灭接种室(箱)空气、台面等处的微生物。

紫外线虽有较强的杀菌力,但穿透力较弱,薄层玻璃或水层就能将大部分紫外线滤除,因此只适用于空气及表面杀菌。

紫外线对眼黏膜及视神经有强烈的损伤作用,对皮肤有刺激作用,因此不能直接在紫外灯开启的情况下工作和用眼睛直视开启的紫外灯。

6. 化学药剂消毒灭菌

微生物实验室中常用的化学杀菌剂有升汞、甲醛、高锰酸钾、酒精、碘酒、甲紫、石碳酸、漂白粉、新洁尔灭、煤酚皂溶液,它们有的是杀菌剂,有的是抑菌剂。见表 3-5。

表 3-5 各类化学药剂消毒灭菌的浓度、作用方式和用法

类别	代表	常用浓度	作用方式	用途及用法
醇类	乙醇	70%~75%	抑制细菌,使蛋白质凝固变性	皮肤和器皿消毒,对芽孢、孢子无效
醛类	甲醛	37%~40% 2 mL/m³	与蛋白质氨基结合使其变性	接种室、接种箱熏蒸,杀死空气中的微生物
酚类	石碳酸 来苏尔	5% 2%~5%	破坏细胞膜,蛋白质变性	接种室空气及器皿消毒,空气及皮肤消毒
重金属离子	升汞	0.1%	使细菌细胞酶失活而中毒死亡	植物组织,如根瘤的消毒(有剧毒)
氧化剂	高锰酸钾 漂白粉	0.1%~3% 1%~5%	蛋白质及酶氧化变性	水果、皮肤、器皿消毒,饮水及粪便消毒
表面活性剂	肥皂、新吉尔灭	用水稀释20倍	破坏细胞膜的渗透压	皮肤、手和器皿的消毒
卤素	碘	1%碘酒	蛋白质、酶受破坏	皮肤消毒
染料	结晶紫	2%~4%水溶液	抑制细胞壁的合成作用	皮肤创伤消毒
酸类	乳酸 食醋	80%乳酸 1 mL/m³ 3%~5%	与细胞原生质结合	熏蒸消毒空气,可预防流感病毒
碱类	石灰水	3%~5%水溶液	破坏酶的活性	地面消毒

五、实验结果

(1) 根据要求清洗实验所需玻璃器皿,并进行烘干和包扎。
(2) 根据要求配制微生物培养基。
(3) 掌握用高压蒸汽灭菌锅对培养基灭菌的原理及方法。
(4) 掌握液体培养基、平板培养基和斜面培养基的制备方法。

六、注意事项

(1) 调节 pH 时,pH 不要调过头,以免回调而影响培养基内各离子的浓度。
(2) 倒溶液时不要把瓶口沾湿。包扎时不要把瓶子弄倒而把棉塞弄湿。加热前一定要保证有足够的水;锅内水必须用蒸馏水或纯化水。
(3) 当灭菌时间结束时,必须等到压力表归零再打开。
(4) 高压后取物品时注意烫伤。

七、思考讨论

(1) 为什么微生物实验室所用的三角瓶口或试管口都要塞上棉塞才能使用?能

否用木塞或棉皮塞代替？

（2）配制培养基时为什么要调节 pH？

（3）干热灭菌、高压蒸汽灭菌和间歇灭菌的适用场合有何不同？

（4）高压蒸汽灭菌的原理是什么？

（5）培养基配制完成后，为什么必须立即灭菌？若不能及时灭菌应如何处理？已灭菌的培养基如何进行无菌检查？

实验四　微生物显微镜计数法

一、实验目的
（1）熟练掌握显微镜的使用方法。
（2）掌握使用血细胞计数板计算微生物数量的方法。

二、实验原理

（一）计数原理

显微镜计数法中最常用的是利用血细胞计数板在光学显微镜下进行细菌总量的直接计数（包括死菌与活菌）。将一定稀释倍数的菌悬液滴在血细胞计数板的计数室内，计数室的容积为 0.1 mm³，根据在显微镜下观察到的微生物数目计算单位体积内的微生物数量。血细胞计数板是一块特制的厚型载玻片，由 4 个槽构成 3 个平台。中间的平台较宽，其中间又被一短横槽分隔成两半，每个半边上面各刻有一小方格网，每个方格网共分 9 个大方格，中央的一大方格作为计数用，称为计数区。计数区的刻度有两种：一种是计数区分为 16 个中方格，而每个中方格又分成 25 个小方格；另一种是一个计数区分成 25 个中方格，而每个中方格又分成 16 个小方格。但是，无论哪一种构造，计数区都由 400 个小方格组成。计数区边长为 1 mm，即计数区的面积为 1 mm²，盖上盖玻片后，计数区的高度为 0.1 mm，因此每个计数区的容积为 0.1 mm³。见图 4-1。

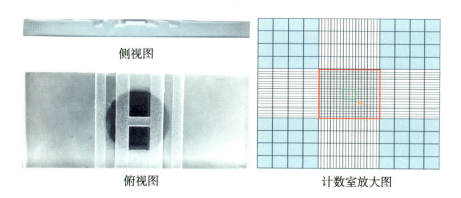

图 4-1　血细胞计数板

注：红色为大方格，绿色为中方格，橘色为小方格。

(二) 酵母菌死活鉴定原理

美蓝是一种无毒性的染料，它的氧化型呈蓝色，还原型呈无色。在用美蓝溶液对酵母活细胞染色时，由于细胞的新陈代谢作用，细胞内具有较强的还原能力，能使美蓝由蓝色的氧化型变为无色的还原型；而对代谢作用微弱或死的细胞，它们无此还原能力或还原能力极弱，从而被美蓝染成蓝色或淡蓝色。因此，本实验采用美蓝染液水浸片法不仅可观察酵母细胞形态，也可用来鉴别酵母菌的死细胞和活细胞。

计数时，一般选择 5 个中方格计数其细菌总数，计算每个中方格细菌的平均值，再乘以中方格数量（16 或 25），得到 1 个大方格的细菌数目，最后换算得出 1 mL 菌液中的细菌数目。以有 25 个中方格的计数室为例，设 5 个中方格中总菌数为 A，菌液稀释倍数为 B，那么

$$1 \text{ 个大方格中的总菌数} = A \div 5 \times 25 \times B = 5AB$$
$$1 \text{ mL 样品中的总菌数} = 10\,000 \times 5AB = 50\,000AB$$

该方法直观、快速、成本低廉、操作简单，适用于计数个体较大的细胞和细菌，但若不染色则无法区分活菌与死菌，常在准确度要求不高时选用。

三、实验材料

(一) 实验菌种

啤酒酵母、海洋酵母。

(二) 溶液或试剂

0.1% 的吕氏碱性美蓝溶液。

(三) 实验器材

显微镜、擦镜纸、吸水纸、血细胞计数板、无菌吸管、载玻片、盖玻片、酒精灯、接种环、镊子等。

四、实验方法

(一) 显微计数

1. 制备样品

实验室培养啤酒酵母和海洋酵母，进行适度稀释。

2. 镜检计数室

加样前镜检计数室，若有污物，需要先清洗干净，再计数。

3. 加样

将干净且干燥的血细胞计数板盖上盖玻片，用无菌吸管将样品沿盖玻片的边缘滴入，1 滴即可，不宜过多，让样品沿缝隙靠毛细渗透作用自行进入计数室。注意：取样前要将样品摇匀，并用吸管吹吸数次，且计数室内不能有气泡。

4. 显微镜计数

静置 5 min，将血细胞计数板置于载物台上，先在低倍镜下找到计数室，然后换高倍镜计数。若选用 25 个中格的计数室，则可以选择 4 个角和中央的中方格计数；若选用 16 个中格的计数室，则可以选择 4 个角的中方格计数。位于中方格边线上的菌体一般只计数上方线和右边线上的菌体。若使用染色样品，则需分别计数死细胞和活细胞。计数一个样品要取两个计数室的平均数，若两者相差太大，则需要重新计数。

5. 清洗血细胞计数板

计数完毕后，将血细胞计数板在流水下冲洗，切勿用硬物洗刷，然后晾干。镜检每个小格内是否有残留，若有污垢，则需重新清洗直至干净。最后可用 95% 的乙醇脱脂棉球轻轻擦拭，再用擦镜纸擦干。

（二）酵母菌的死活鉴定

（1）在载玻片中央加 1 滴 0.1% 的吕氏碱性美蓝染色液，然后按无菌操作接种，蘸取少量液体酵母放在染液中。

注：美蓝染液不宜过多或过少，加盖盖玻片时，避免出现气泡。用接种环将菌体与染液混合时，不要剧烈涂抹，以免破坏细胞。

（2）用镊子取 1 块盖玻片，先将盖玻片一边与菌液接触，然后慢慢将其放下使其盖在菌液上。

注：盖玻片不宜平放，以免产生气泡。

（3）将制片立即放在显微镜下镜检，先用低倍镜然后用高倍镜观察酵母的形态，并根据颜色来区别死活细胞。

（4）将制片放置约 5 min 和 30 min 后镜检，注意死细胞数量的变化。

五、实验结果

记录结果：将计数结果记录于表 4-1 中，A 为 5 个中方格的总菌数，B 为样品稀释倍数。

1. 酵母菌计数（见表 4-1）

表 4-1 酵母菌计数

计　数	各中格菌数					A	B	菌数/mL	二室均值
	1	2	3	4	5				
第一室									
第二室									

2. 酵母菌死活数鉴定（见表 4-2）

表 4-2 酵母菌死活数鉴定

时　间	立即观察	5 min 后观察	30 min 后观察
死活情况（%）			

六、注意事项

使用完毕后，将血细胞计数板在水龙头下用水冲洗干净，切勿用硬物洗刷，洗完后自行晾干或用吹风机吹干。镜检观察每小格内是否有残留菌体或其他沉淀物，若不干净，则必须重复洗涤至干净为止。

七、思考讨论

在使用血细胞计数板计数的过程中，应如何尽量减少误差，力求准确？

实验五　微生物的接种、分离和培养及无菌操作

一、实验目的

（1）掌握常见菌种的分离、纯化和接种方法。
（2）掌握无菌操作的基本环节。
（3）通过对菌落特征的观察，为初步鉴定微生物提供有利资料。

二、实验原理

在自然界中，存在着各种各样的微生物，它们混杂地生长在一起。而在实验过程中，往往需要从混合微生物中分离获得所需的菌种，此时就需要进行菌种的分离纯化。微生物分离和纯化的基本原理是将待分离的样品进行适当比例的稀释，尽量使微生物的细胞或孢子以分散状态存在，然后使其长成一个个纯种的单菌落。上述过程同样离不开接种，即将一种微生物移到适宜培养基上生长的实验过程。

微生物的分离和接种技术是生命科学研究中一项最基本、最普遍的技术。由于目的不同，可采用不同的接种方法，如斜面接种、穿刺接种等，以获得生长良好的纯种微生物。常用的分离方法有：①平板划线分离法；②稀释平板分离法。

三、实验材料

（一）实验菌种和样品

金黄色葡萄球菌、枯草杆菌、大肠杆菌、酵母菌等、海泥、无菌海水。

（二）实验器材

恒温培养箱、接种针、接种环、涂布棒（见图5-1）、酒精灯、无菌吸管、无菌三角瓶等。

实验培养基：肉汤蛋白胨固体培养基（斜面、平板）、肉汤蛋白胨液体培养基、2216E培养基。

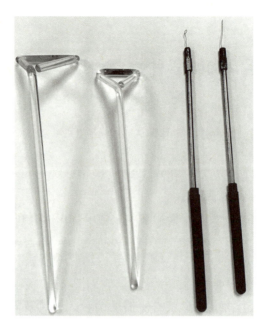

图 5-1　接种和分离工具

四、实验方法

（一）微生物的接种方法

1. 斜面接种

从已长好微生物的菌种管移接到另一斜面管的接种方法（见图 5-2）。可用于接种大肠杆菌和酵母菌。

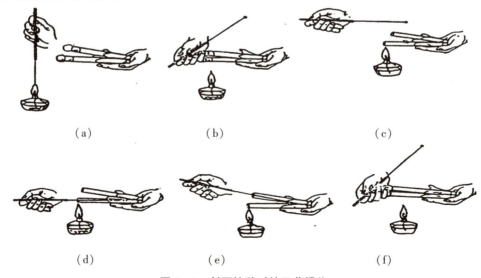

图 5-2　斜面接种时的无菌操作

（1）操作前，先用75%的酒精擦手，待酒精挥发后点燃酒精灯。

（2）将菌种管和斜面培养基握在左手大拇指和其他四指之间，使斜面培养基有菌种的一面朝上，并处于水平位置。

（3）先将菌种管和斜面培养基的棉塞稍稍旋转，以便之后拔出。

（4）左手拿接种环，置于火焰上先将环端烧红灭菌，然后将有可能伸入试管的其余部位也过火灭菌。

（5）用右手的无名指、小指和手掌将菌种管和待接斜面试管的棉花塞同时拔出，让试管口逐渐过火灭菌（切勿烧过烫）。

（6）将灼烧过的接种环伸入菌种管内，接种环在试管内壁接触，使其充分冷却，然后轻轻刮取少许菌苔，再从菌种管内抽出接种环。

（7）迅速将沾有菌种的接种环伸入另一支待接斜面试管，从斜面底部向上作"Z"形来回密集划线。

（8）接种完毕后抽出接种环，将接种环烧红灭菌；灼烧管口，待冷却后，塞上棉塞。

2. 液体接种

（1）由斜面培养基接入液体培养基，操作方法与斜面接种相同，但因是液体培养基，故应使试管口向上斜，避免液体培养基流出。接种后塞好棉塞，将试管中液体轻轻混匀，使菌体充分分散。

（2）液体培养基接种到液体培养基，菌种是液体，也可用无菌吸管接种。接种时注意保持在火焰旁，迅速拔出棉塞，将无菌吸管深入菌液，吸取适量注入液体培养基中，摇匀即可。

3. 平板接种

将需接种菌种在平板上划线和涂布。划线接种见后续分离划线法。

涂布接种：利用无菌吸管吸取适量菌液分散滴于平板后，用灭菌玻璃棒在平板表面做均匀涂布。

4. 穿刺接种

此法用于嫌气性细菌接种，把菌种接种到固体深层培养基中，检查细菌的运动能力。接种时所用的接种针应挺直。用接种针取少许待接种菌，垂直由下而上插入半固体培养基内，直刺到接近管底位置，但勿穿透，然后沿原穿刺途径慢慢拔出。

（二）分离的操作方法

1. 平板划线分离法

平板划线分离法是利用接种环在平板培养基表面通过分区划线而分离微生物的一种方法（见图5-3）。其原理是将微生物样品在固体培养基表面多次作"由点到线"稀释而达到分离目的。

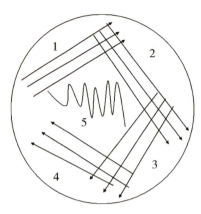
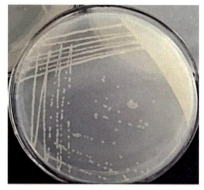

图5-3 平板划线分离示意

（1）配制酵母膏蛋白胨琼脂培养基，在超净台无菌条件下倒平板，水平放置直至凝固。

（2）在酒精灯火焰上稍稍灼烧接种环，待冷却后，用其取金黄色葡萄球菌、大肠杆菌和枯草杆菌混合菌液。

（3）左手握琼脂平板，稍微抬起皿盖，同时靠近火焰周围，右手持接种环伸入皿内，在平板上轻轻作"之"字形划线，划线时接种环与平板表面呈40°左右，利用手腕力量在平板表面做轻快的滑动，勿使平板表面划破或嵌入培养基内。

（4）随后在酒精灯火焰灼烧接种环，以杀灭接种环上残余的菌液，待冷却后，再将接种环伸入皿内，在第一次划过线的地方稍微接触一下，转动90°，在第二区域继续划线。

（5）划线完毕后再灼烧接种环，冷却后重复之前操作。

（6）全部划线操作完成后，在平皿表面用马克笔注明菌种、日期、组别、姓名，随即将整个培养平板倒置放入恒温箱培养。

（7）37 ℃经24 h培养后取出观察，注意菌落的大小、颜色、表面结构、透明度等关键性状。

2. 稀释平板分离法

采用稀释手段，使样品分散到最低限度，然后吸取适量稀释液注入平皿内，倒入培养基，轻轻摇匀，静置凝固后培养，分离的细菌被固定在原处而形成菌落。这也是一种计数方法。

制备海泥稀释液：采用无菌操作，称取海泥样品10 g，加入装有90 mL无菌海水的锥形瓶中，振荡15 min，使样品与无菌海水充分混合，即成10^{-1}海泥稀释液，然后在超净台内、酒精灯旁，用无菌移液管吸取1 mL 10^{-1}海泥稀释液注入装有9 mL无菌海水的试管内，制成10^{-2}的稀释液，以此类推，制成10^{-6}的稀释液。稀释完毕后，可用原来的移液管从10^{-6}的稀释液吸取1 mL的10^{-6}稀释液，加到相应编号10^{-6}的无菌培养皿内，以相同方法分别吸取1 mL 10^{-5}、10^{-4}的稀释液加到相应编号的无菌培养皿内。

注：每稀释一个浓度必须更换无菌吸管。用稀释平板法计数时，待测菌稀释浓度的选择应根据样品来确定，测定海泥细菌时，采用 10^{-4}、10^{-5} 和 10^{-6} 的稀释液。

3. 稀释涂布平板分离法

采用稀释手段，使样品分散到最低限度，然后吸取适量稀释液滴在平皿上，用灭菌涂布棒均匀涂开。详细操作方法与稀释平板分离法基本一致，除最后需用玻璃棒将菌液涂布均匀。

五、实验结果

（1）掌握不同分离纯化方法的应用范围。
（2）记录分离纯化结果。

六、注意事项

（1）无菌操作应在接种室或无菌操作台完成，应保持其清洁，用无水乙醇擦洗台面，定期用乳酸或甲醛熏蒸。每次使用前应用紫外灯灭菌。定期对接种室或无菌操作台做无菌程度的检查。

（2）进入接种室前，应先做好个人卫生工作，在缓冲间内要更换工作鞋、工作衣、戴口罩。工作衣、工作鞋、口罩只准在接种室内使用，不准穿到其他地方去，并要定期更换、消毒。

（3）接种的试管、三角瓶等应做好标记，及时灭菌，注明培养基、菌种的名称、日期。移入接种室内的所有物品，均需在缓冲室内用70%酒精擦拭干净。

（4）接种前，双手用70%酒精消毒，操作过程不离开酒精灯火焰；棉塞不随便乱放；接种工具使用前后均需火焰灭菌。

（5）培养箱应经常清洁消毒。

七、思考讨论

（1）为什么要待接种环冷却后才能与菌种接触？如何知道接种环是否已经冷却？
（2）微生物接种为什么要在无菌条件下进行？
（3）接种应注意哪些环节才能避免杂菌污染？

实验六 平板菌落计数法

一、实验目的
（1）了解平板菌落计数的原理。
（2）掌握平板培养法的操作技术。

二、实验原理

平板菌落计数法是根据微生物在适度稀释的条件下，在固体培养基上所形成的单菌落一般是由一个单细胞繁殖而成的原理展开的。首先，对待测样品进行梯度稀释，稀释液要均匀，尽量使样品中的微生物分散成单细胞。然后，取一定量的稀释液与平皿中的培养基混匀，在适宜的条件下进行培养。待单个微生物细胞生长形成菌落后，计数平板中菌落的数量即可根据稀释倍数计算出样品的含菌量。

平板菌落计数法处理样品时很难使微生物完全分散成单细胞，平板上的菌落不一定全是单细胞繁殖形成的，且该方法只可计数活菌数量，因此，计数结果往往比实际含菌量低。目前，使用菌落形成单位（colony forming unit，CFU）取代之前的绝对菌落数来表示样品活菌数量。CFU 是指在活菌培养计数时，由单个菌体或聚集成团的多个菌体在固体培养基上生长繁殖所形成的集落。

由于该方法可以检测活菌，常被用于生物制品检验，土壤含菌量检测以及食品、水源污染检测等。

三、实验材料

（一）实验菌株和样品

大肠杆菌悬液、海水、自来水。

（二）实验试剂

牛肉膏蛋白胨琼脂培养基、2216E 固体培养基、R2A 固体培养基、无菌水。

（三）实验器材

恒温培养箱、无菌吸管、无菌平皿、无菌试管、记号笔等。

四、实验方法

（一）采样

（1）实验室培养大肠杆菌。取过夜培养的大肠杆菌。

（2）海水。选择水质清澈的外海海区，在距离水面 10～15 cm 的位置采取水样，将无菌的带塞玻璃瓶瓶口向下放入水中，然后翻转，除去瓶塞，装满水后塞上瓶塞，从水中取出水样。

（3）自来水。先将水龙头用火焰灼烧 3～5 min，再自然放水 5 min，然后用无菌三角瓶接取水样。

（二）稀释

1. 大肠杆菌悬液

取 9 支无菌试管，给大肠杆菌编号为 10^{-1}、10^{-2}、10^{-3}、10^{-4}、10^{-5}、10^{-6}、10^{-7}、10^{-8}、10^{-9}，并在每支试管中加入 9 mL 无菌水。用无菌吸管取 1 mL 大肠杆菌悬液，加入 10^{-1} 试管内，摇匀。然后在 10^{-1} 试管内用无菌吸管取 1 mL 液体，加入 10^{-2} 试管内，摇匀，以此类推，将大肠杆菌悬液进行稀释。

2. 海水

稀释方法与大肠杆菌相同，所用稀释液为过滤后（0.45 μm）的海水，稀释倍数由海水污染程度决定。给海水编号为 10^{-1}、10^{-2}、10^{-3}、10^{-4} 和 10^{-5}。

3. 自来水

稀释方法与大肠杆菌相同，稀释液为无菌水，稀释倍数适当减少。

（三）菌液接种

1. 取样

（1）大肠杆菌悬液。用无菌吸管分别吸取 1 mL 10^{-7}、10^{-8} 和 10^{-9} 的稀释菌液，放入无菌平皿中，平皿需注明样品名称及稀释倍数，如大肠杆菌 10^{-7}。每一梯度设置 3 个重复样品。

（2）海水。用无菌吸管分别吸取 1 mL 10^{-1}、10^{-2} 和 10^{-3} 的稀释菌液，放入无菌平皿中，平皿需注明样品名称及稀释倍数，每一梯度设置 3 个重复样品。

（3）自来水。用无菌吸管分别吸取 1 mL 10^{0}、10^{-1} 和 10^{-2} 的自来水放入无菌平皿中，设置 3 个重复样品，平皿需注明样品名称及稀释倍数。

2. 倒平板

（1）倾注法：在上述盛有大肠杆菌菌液和自来水的平皿中，尽快分别倒入 10～15 mL 融化并冷却至 45 ℃ 的牛肉膏蛋白胨琼脂培养基和 R2A 固体培养基；在盛有海水稀释液的平皿中倒入 10～15 mL 融化并冷却至 45 ℃ 的 2216E 固体培养基。轻轻晃动将其混匀,置于桌面上待其凝固,倒置于 37 ℃ 培养箱中培养。

(2) 涂布法:涂布平板计数法与平板倾注法基本相同,所不同的是先将培养基融化后趁热倒入无菌平板中,待凝固后编号,然后用无菌吸管吸取 0.1 mL 菌液对号接种在不同稀释度编号的琼脂平板上(每个编号设 3 个重复样品)。再用涂布棒将菌液在平板上涂抹均匀,每个稀释度用一个涂布棒,更换稀释度时需将涂布棒灼烧灭菌。在由低浓度向高浓度涂布时,也可以不更换刮铲。将涂布好的平板平放于 37 ℃ 恒温培养箱30 min,使菌液渗透入培养基内,然后将平板倒转,继续培养,至长出菌落后即可计数。如图 6-1 所示。

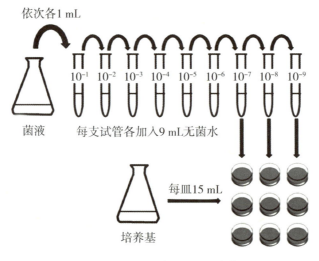

图 6-1 样品稀释及取样培养

(四) 计数

培养 24 h 后,选择每个平板有 30～300 个菌落的稀释度平皿计数。菌落数小于 30 或大于 300 都容易导致计数误差较大,应舍弃。同一稀释度的 3 个重复样品之间的差异不能过大,且 3 个相邻稀释度计算所得的含菌量差异也不能过大,如果差异较大,则表示实验不精确。

若所有稀释度均不在计数区间,如均大于 300,则取最高稀释度的平均菌落数乘以稀释倍数来计数;如均小于 30,则以最低稀释度的平均菌落数乘以稀释倍数来计数。如菌落数有的大于 300,有的又小于 30,但均不在 30～300 之间,则应以最接近 300 或 30 的平均菌落数乘以稀释倍数来计数。如所有稀释度均无菌落生长,则应按小于 1 乘以最低稀释倍数报告之。

1 mL 菌落形成单位数(CFU)= 同一稀释度 3 个重复样品的菌落平均值 × 稀释倍数

假设 10^{-6} 平板上菌落平均数为 130 个，那么 1 mL 菌落形成单位数（CFU）= $130 \times 10^6 = 1.3 \times 10^8$。

五、实验结果

将计数结果记录于表 6-1 中。

表 6-1　菌落计数结果

稀释梯度												
菌落数	1	2	3	平均	1	2	3	平均	1	2	3	平均
每毫升菌落形成单位数												

六、注意事项

（1）稀释涂布平板法中利用试管稀释的菌液一定要摇匀，使细胞分散。
（2）用无菌玻璃涂棒涂布培养基的顺序是由低浓度向高浓度。

七、思考讨论

（1）为什么融化后的培养基要冷却至 45 ℃左右才能倒平板？
（2）涂布法和倾注法培养的细菌有何区别？
（3）试比较平板菌落计数法和显微镜计数法的优缺点。
（4）如何减少平板菌落计数法的实验误差？

实验七 盐度（渗透压）对微生物生长的影响

一、实验目的

了解盐度（渗透压）对微生物生长的影响。

二、实验原理

在等渗溶液中，微生物能够维持正常形态，进行正常的生命活动；在高渗溶液（如高盐或者高糖溶液）中，微生物会出现失水收缩的现象，而水分在细胞生命活动中参与许多重要的生理代谢过程，失水就会抑制其生长与繁殖；在低渗溶液中，细胞会出现吸水膨胀甚至破裂的现象，但是绝大多数微生物（如细菌、酵母、霉菌及放线菌等）都具有一层细胞壁，并且体积较小，因此，不会像无壁细胞一样容易吸水破裂，低渗溶液对它们的影响较小。

不同的微生物对渗透压变化的适应程度也不同，大部分微生物可在盐浓度为 0.5%～3% 的环境中正常生长与繁殖，在盐浓度为 10%～15% 的环境中他们的生长会受到抑制。而自然界中还存在着嗜盐细菌，一般生活在盐浓度为 10%～30% 的环境中。

三、实验材料

（一）实验菌种

金黄色葡萄球菌、大肠杆菌、嗜盐细菌类（如盐沼盐杆菌）。

（二）实验培养基

NaCl 浓度分别为 0.5%、5%、10%、15%、25% 的牛肉膏蛋白胨培养基。

（三）实验器材

恒温培养箱、接种针、接种环、培养皿、酒精灯等。

四、实验方法

（1）配制上述盐浓度的牛肉膏蛋白胨琼脂培养基，高压蒸汽灭菌，倒平板。每组浓度设置 3 个平行对照。

（2）待培养基凝固后，用马克笔在每个培养皿底部划分三部分，并做好标记（如标记 A 代表金黄色葡萄球菌，B 代表大肠杆菌，C 代表嗜盐细菌）。见图 7-1。

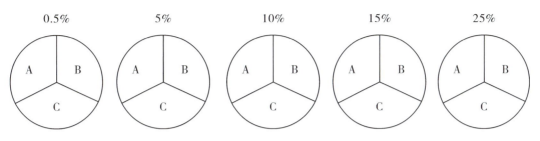

图 7-1 菌株接种

（3）在相应区域划线接种对应的细菌。
（4）将培养皿放入 37 ℃恒温培养箱中，24～48 h 后观察并记录生长情况。

五、实验结果

实验结果记录于表 7-1 中，"-"代表无菌落出现；"+"代表有菌落生长，但数量较少，且菌落较小；"++"代表长势良好。见表 7-1。

表 7-1 菌落生长情况

NaCl 浓度 细菌	0.5%	5%	10%	15%	25%
金黄色葡萄球菌					
大肠杆菌					
嗜盐细菌					

六、注意事项

接种菌株时，实验应在酒精灯附近或无菌操作台中进行，避免杂菌污染，影响实验结果。

七、思考讨论

（1）根据你的实验结果，请分析出现该结果的可能原因。
（2）在哪些日常活动中，人们利用了渗透压抑制微生物生长的原理？

实验八　氧气对微生物生长的影响

一、实验目的

了解氧气对微生物生长的影响及其实验方法。

二、实验原理

不同微生物对氧的需求不同，主要是因为它们细胞内生物氧化酶系统存在差异。根据对氧的需求及耐受能力，将微生物分为好氧菌、微好氧菌、耐氧厌氧菌、兼性厌氧菌、专性厌氧菌。

1. 好氧菌（aerobe）

好氧菌亦称需氧菌、需氧微生物。在有氧环境中生长繁殖，具有氧化有机物或无机物的产能代谢过程，以分子氧为最终电子受体，进行有氧呼吸。包括大多数细菌、放线菌和真菌。

2. 微好氧菌（microaerobe）

微好氧菌是仅能在较低氧分压下正常生活的微生物。正常大气的氧分压为 0.2 Pa，而微好氧菌仅生活在 0.01~0.03 Pa 下。如发酵单胞菌属和弯曲杆菌属。

3. 耐氧厌氧菌（aerotolerantanaerobe）

耐氧厌氧菌是指能在有氧条件下生长，但生长差，而在无氧条件下生长最好的细菌。如第三梭菌和溶组织梭菌。

4. 兼性厌氧菌（facultative anaerobe）

兼性厌氧菌又称兼嫌气性微生物，兼嫌气菌、兼性好氧菌。是在有氧或无氧环境中均能生长繁殖的微生物。在有氧或缺氧条件下，可通过不同的氧化方式获得能量，兼有有氧呼吸和无氧发酵两种功能。如酵母菌在有氧环境中进行有氧呼吸，在缺氧条件下发酵葡萄糖生成酒精和二氧化碳。

5. 专性厌氧菌（obligate anaerobe）

专性厌氧菌是指在无氧的环境中才能生长繁殖的细菌。此类细菌缺乏完善的呼吸酶系统，只能进行无氧发酵，不但不能利用分子氧，而且游离氧对其还有毒性作用。如破伤风杆菌、肉毒杆菌、产气荚膜杆菌等。

本实验选用深层琼脂法来测定氧气对不同微生物生长的影响，在牛肉膏蛋白胨琼脂深层培养基试管中接入各类微生物，在适宜条件下培养一段时间后，观察其生长情况，根据微生物的生长部位，判断它们对氧的需求及耐受能力。见图 8-1。

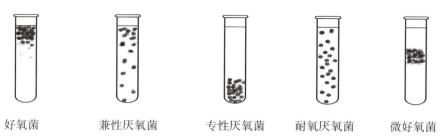

图 8-1 不同类型微生物在深层琼脂培养基中的生长状况示意

三、实验材料

（一）实验菌株

金黄色葡萄球菌、干燥棒杆菌、丁酸梭菌、酿酒酵母和黑曲霉。

（二）实验培养基

牛肉膏蛋白胨琼脂培养基。

（三）实验器材

恒温培养箱、试管、试管夹、电磁炉和无菌生理盐水。

四、实验方法

（1）取上述菌种，加入无菌生理盐水混匀。

（2）将装有培养基的试管置于沸水中融化并保温 5～10 min。

（3）将上述试管取出，室温静置冷却至 45～50 ℃，做好标记。取步骤（1）中的菌液各 100 μL，分别加入对应试管中，双手迅速搓动试管（避免振荡导致空气进入），使细菌均匀地在培养基中分布。

（4）待细菌分布均匀后，将试管冰浴，使培养基迅速凝固。

（5）将凝固后的培养基置于 37 ℃ 恒温箱中培养 2 天，之后连续观察 3～5 天，记录实验结果。

五、实验结果

将实验观察结果填入表 8-1 中，生长位置可填表面生长、中部生长、底部生长、接近表面生长、均匀生长、接近表面生长旺盛等，根据生长位置确定该种微生物的类型。

表 8-1　细菌生长情况

菌　种	生　长　位　置	类　　型
金黄色葡萄球菌		
干燥棒杆菌		
丁酸梭菌		
酿酒酵母		
黑曲霉		

六、注意事项

接菌后，应双手迅速搓动试管，而不是晃动试管，这样可以避免振荡导致空气进入。

七、思考讨论

（1）海洋中数量最多的是什么类型的细菌（就氧与微生物的关系而言）？请给出你的理由。

（2）为什么不同类型的微生物在试管中的生长部位不同？

实验九　化学药剂对微生物的影响

一、实验目的

(1) 了解常用的化学药剂对微生物生长的影响及其原理。
(2) 学习并掌握滤纸片法检测化学试剂对微生物生长的影响。

二、实验原理

一些化学药剂对微生物的生长具有重要影响，如抑菌作用或杀菌作用。在日常生产和实验室中，常用某些化学药剂进行杀菌和消毒，如青霉素、重金属及重金属盐类、有机溶剂（酚、醇、醛等）、卤族元素及其化合物、表面活性剂等。不同的化学药剂对微生物的影响机制不同。

青霉素是抗生素的一种，是指分子中含有青霉烷、能破坏细菌的细胞壁并在细菌细胞的繁殖期起杀菌作用的一类抗生素。重金属离子可与菌体蛋白结合而使之变性或与某些酶蛋白的巯基结合而使酶失活。重金属盐是蛋白质沉淀剂，能够与代谢产物发生螯合作用而使其变为无效化合物。有机溶剂能够使蛋白质或核酸发生变性，也能够破坏细胞膜的通透性从而使内含物外溢。卤族元素具有强氧化性，氯气与水发生反应产生的强氧化剂具有杀菌消毒作用，碘可与蛋白质酪氨酸残基发生不可逆结合而使蛋白质失活。表面活性剂能够降低溶液的表面张力，从而能够改变微生物细胞膜的通透性，同时也能使蛋白质发生变性。

三、实验材料

（一）实验菌种

大肠杆菌、金黄色葡萄球菌、枯草芽孢杆菌、变形杆菌。

（二）实验培养基

牛肉膏蛋白胨琼脂培养基。

（三）实验试剂

生理盐水、50 μg/mL 氨苄青霉素溶液、0.1% 升汞、0.1% 高锰酸钾溶液、75% 乙醇、5% 石碳酸、5% 甲醛溶液、0.25% 新洁尔灭、10% 漂白粉溶液、3% 过氧化氢、2% 来苏尔（煤酚皂液）、3% 碘酊。

（四）实验器材

恒温培养箱、镊子、滤纸片、无菌培养皿、1.5 mL 离心管、接种环、移液枪、酒精灯、涂布棒等。

四、实验方法

（一）制备平板

将已灭菌融化并冷却至 50 ℃ 左右的牛肉膏蛋白胨培养基倒入无菌培养皿中，水平放置，待冷却凝固。

（二）浸药

将无菌滤纸片分别浸泡于准备好的药剂中，并做好标记。

（三）制备菌悬液

分别取 1 mL 无菌水于 1.5 mL 无菌离心管中，用接种环分别取培养 18 h 的大肠杆菌、金黄色葡萄球菌、枯草芽孢杆菌、变形杆菌各 1～2 环于无菌水中，充分振荡混匀，制成均匀的菌悬液。

（四）涂板

在无菌环境下或酒精灯下，用移液枪分别取上述 4 种菌悬液 100 μL，接种于已制备好的平板上，用涂布棒将其涂布均匀，并做好标记，每种菌液涂 3 个平板。

（五）加药剂

将已涂布好的平板平均划分成 4 等份，用无菌镊子分别夹取 4 种浸药滤片，平铺于 4 个区域中，并在培养皿背面做好标记。

（六）培养

将以上贴好含药滤纸片的含菌平板倒置于 37 ℃ 恒温培养箱中，培养 24 h 后观察结果。

化学试剂对微生物的抑菌作用见图 9-1。

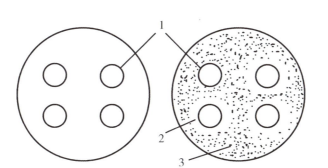

(1) 培养前　　　　　(2) 培养后

1—滤纸片　2—抑菌圈　3—细菌生长区

图 9-1　化学试剂对微生物的抑菌作用

五、实验结果

取出培养皿，观察滤纸片周围有无抑菌圈产生，用尺子测量并记录抑菌圈的直径（见表 9-1）。根据其直径的大小，可初步判断测试药剂的抑菌能力。

表 9-1　抑菌圈的直径

菌液 药剂	大肠杆菌	金黄色葡萄球菌	枯草芽孢杆菌	变形杆菌
生理盐水				
氨苄青霉素溶液				
0.1% 升汞				
0.1% 高锰酸钾溶液				
75% 乙醇				
5% 石碳酸				
5% 甲醛溶液				
0.25% 新洁尔灭				
10% 漂白粉溶液				
3% 过氧化氢				
2% 来苏尔				
3% 碘酊				

六、注意事项

加入药浸滤片时，注意把药液沥干。

七、思考讨论

（1）简述各种化学药剂的抑菌原理。

（2）影响抑菌圈直径大小的因素有哪些？

（3）化学药剂对微生物所形成的抑菌圈（未长菌部分）是否说明微生物细胞已被杀死？

实验十　大肠杆菌基因组的提取

一、实验目的

（1）了解分离和制备大肠杆菌基因组 DNA 的原理。
（2）学习并掌握制备大肠杆菌基因组 DNA 的方法。

二、实验原理

基因组 DNA 是生物全部遗传信息的总和。制备基因组 DNA 的方案依据生物特性不同而有差异（如生物体为单细胞或组织，是否含有细胞壁）。大肠杆菌是目前为止研究较为清楚的原核细胞之一。基因组 DNA 的提取包括 3 个主要步骤：①裂解大肠杆菌细胞；②利用酶法或化学法去除样品中的 RNA、蛋白质、多糖等大分子杂质；③通过异丙醇和乙醇清洗沉淀得到纯的总基因组 DNA。

若要获得纯度更高的 DNA，可用饱和酚、酚、氯仿、异戊醇和蛋白酶处理，除去基因组 DNA 中的蛋白质和部分 RNA，用 RNase 除去残留的 RNA。基因组 DNA 的纯度和浓度可通过 NanoDrop 测定 DNA 溶液的 OD_{260} 和 OD_{280} 来进行估算。纯 DNA 的 OD_{260}/OD_{280} 的值为 1.8，纯 RNA 的 OD_{260}/OD_{280} 的值为 2.0。如果核酸样品 $OD_{260/280}$ 的值降低，就说明样品可能有蛋白质或酚污染。

三、实验材料

（一）实验菌种

大肠杆菌 DH5α。

（二）实验器材

1.5 mL Eppendorf（EP）管、微量取液器（20 μL、200 μL、1 000 μL）、台式高速离心机、漩涡振荡器、水浴锅（37 ℃、60 ℃）、NanoDrop One。

（三）实验试剂

LB 液体培养基、溶菌酶（50 mg/mL）、无水乙醇、细菌基因组 DNA 提取试剂盒（OMEGA）。

四、实验方法

（1）大肠杆菌 DH5α 在 37 ℃ 环境中过夜培养，取 1 mL 培养物，12 000 r/min 室

温离心 1 min。

（2）向沉淀物加入 180 μL TE 缓冲液，充分重悬大肠杆菌；再加入 20 μL 的 50 mg/mL 溶菌酶，混匀后于 30 ℃ 温育 10 min。

（3）12 000 r/min 离心 5 min，弃上清液后加入 200 μL Buffer BTL，漩涡振荡悬浮细胞。

（4）加入 25 μL 蛋白酶 K 溶液，振荡器混匀，于 55 ℃ 温育 30 min，每隔 10 min 漩涡振荡一次。

（5）加入 220 μL Buffer BDL，颠倒混匀，于 65 ℃ 温育 10 min。

（6）加入 220 μL 无水乙醇，以最大速度漩涡振荡 20 s。

（7）转移样品至 DNA 纯化柱中，纯化柱下端安装 2 mL 收集管，12 000 r/min 离心 1 min，使 DNA 结合在纯化柱上，弃去收集管。

（8）将 DNA 纯化柱安装到新的 2 mL 收集管中，加入 500 μL Buffer HB，12 000 r/min 离心 1 min，弃去滤液。

（9）DNA 纯化柱中加入 700 μL DNA Wash Buffer，12 000 r/min 离心 1 min，弃去滤液。

（10）重复步骤（9）1 次。12 000 r/min 离心 2 min，干燥 DNA 纯化柱。

（11）将 DNA 纯化柱转移至 1.5 mL EP 管中，加入 50 μL 预热（65 ℃）的 Elution Buffer，室温放置 3 min，12 000 r/min 离心 1 min 溶解 DNA，于 −20 ℃ 存放备用。

（12）电泳检测：吸取 5 μL DNA 溶液进行琼脂糖凝胶电泳，检测其基因组 DNA 质量，以及是否存在蛋白质污染和核酸降解情况。

（13）用 NanoDrop One 测量 DNA 溶液的 OD_{260}/OD_{280}，以此来估算核酸纯度和浓度。

五、实验结果

（1）记录制备的大肠杆菌总基因组 DNA 的纯度和浓度结果。

（2）记录大肠杆菌总基因组 DNA 电泳的结果。

六、注意事项

（1）材料应适量，过多会影响裂解，导致 DNA 量少，纯度低。

（2）溶菌酶处理时可在温浴中振荡混匀 2～3 次，若菌液一直未变清，说明处理效果差，可适当补加溶菌酶并延长温浴时间。

七、思考讨论

（1）分离纯化核酸 DNA 应该要遵循的主要原则是什么？

（2）在抽提基因组 DNA 过程中为什么必须轻缓处理 DNA？

实验十一 海洋酵母菌的分离培养及鉴定

一、实验目的

（1）学习并掌握从海水中分离酵母菌的方法和原理。
（2）掌握酵母菌培养的方法。
（3）学习利用形态学和分子生物学特性鉴定海洋酵母菌。

二、实验原理

酵母菌属于真菌，是高等单细胞真核微生物，细胞直径 2～6 μm，通常呈球形、圆形、椭圆形或藕节形等，主要以出芽方式进行无性繁殖，或以形成子囊孢子来进行有性繁殖。酵母菌广泛分布于自然界，海洋中也大量存在着海洋酵母菌，它们是多数小型浮游动物的饵料，可以产生多种色素和蛋白酶等，并可在海洋中消除石油污染。因此，海洋酵母菌的分离培养和应用开发具有重要的价值。

海洋酵母菌的鉴定分为常规形态鉴定和分子生物学特征鉴定。常规形态鉴定是指观察酵母菌形成的菌落特征、细胞形态、子囊孢子的形态、酵母假菌丝的形态等。分子生物学方法主要通过扩增酵母菌 18S、26S rRNA 及 ITSDNA 序列来鉴定。

三、实验材料

（一）实验样品

海水 100 mL。

（二）实验培养基和试剂

2216E 固体培养基、2216E 液体培养基、TAE 电泳缓冲液、DNA marker、GelRed 核酸染料、琼脂糖、2×TaqMaster mix、Gel extraction kit（OMEGA）。

（三）实验器材

无菌培养皿、无菌水、无菌纤维素滤膜（1 μm）、灭菌过滤器、接种环、酒精灯、无菌三角瓶、恒温箱摇床、无菌移液管、PCR 仪、离心管、电泳槽、电泳仪、0.1% 吕氏碱性美蓝染液。

（四）酵母菌 18S rRNA 部分序列 PCR 扩增通用引物

上游引物序列为 5'AGAGTTTGATCCTGGCTCAGAACGAACGCT3'，下游引物序列

为 5'CCTACGGCTACCTTGTTACGACTTCACCCC3'。

（五）ITS 序列扩增的引物序列

上游引物序列为 5'TCCGTAGGTGAACCTGCGG3'，下游引物序列为 5'TCCTCCGCTTATTGATATGC3'。

四、实验方法

（一）酵母菌分离培养

1. 滤器灭菌

将滤器用蒸馏水清洗 3 次，安装上孔径 1 μm 的无菌纤维素滤膜，用高压蒸汽灭菌锅 121 ℃灭菌 20 min。

2. 海水过滤

将真空抽滤设备连接好滤器后，把 50 mL 海水注入滤器内，加盖，真空抽滤至海水样品滤完。

3. 培养

在无菌条件下取出滤膜，将滤膜有菌一面贴在 2216E 固体培养基上，膜下保持无气泡，于 28 ℃恒温箱中培养 3～7 天。

4. 观察

将培养皿取出观察，可见有不同的圆形菌落，通常为软膏形，颜色多样，如白色、红色、黑色等。

5. 纯化

以无菌操作挑取多种不同菌落，分别在 2216E 固体培养基上划线培养，并做好菌落标记。

（二）酵母菌的常规鉴定

1. 形态观察

将划线培养基上的菌落接种于载玻片上，混匀于 0.1% 吕氏碱性美蓝染液，显微镜下观察并记录其细胞形状、大小及其出芽生殖方式。

2. 接种活化

无菌操作挑取划线培养的不同菌落，接种于 0.5 mL 2216E 液体培养基中，按顺序标记后置于 28 ℃恒温摇床中培养 16 h。

3. 酵母菌 18S rRNA 序列和 ITS 序列的 PCR 扩增

在 0.2 mL 的 PCR 管中依次加入以下试剂进行菌液 PCR（见表 11 - 1）。

表 11 - 1　加入的试剂

成　　分	用　　量
菌液	1 μL
上游引物（10 μM）	0.5 μL
下游引物（10 μM）	0.5 μL
2 × TaqMaster mix	10 μL
无菌双蒸水	8 μL
合计	20 μL

将上述混合物混匀离心后进行 PCR，扩增条件如下：预变性：94 ℃，5 min；变性：94 ℃，30 s；退火：55 ℃，30 s；延伸：72 ℃，1 min，共 35 个循环；延长：72 ℃，10 min；保温：4 ℃。

4. 电泳分析

将 PCR 扩增的产物按照菌落标记顺序在 1.2% 琼脂糖凝胶中进行电泳，分析是否有相应大小的 18S rRNA 序列和 ITS 序列条带。

5. PCR 产物回收

若扩增出的是单一条带，则按照 Gel extraction kit 说明书步骤对 PCR 产物回收；若扩展出的是多条带，则切取大小正确的 18S rRNA 序列和 ITS 序列，按照 Gel extraction kit 说明书对 PCR 产物回收。

6. 18S rRNA 序列和 ITS 序列测序

将 PCR 产物回收结果送至相关生物公司测序。

7. 测序结果分析

依据测序得到的 18S rRNA 序列和 ITS 序列在 NCBI 中通过 BLAST 比对，和已知菌种进行序列相似度分析，从而鉴定菌株种类。

8. 酵母菌含量分析

统计挑出的菌株数目和鉴定得出的酵母菌株数目，根据以下公式计算出海水微生物中酵母菌含量：

$$海水中酵母菌含量 = M/N \times 100\%$$

式中，M 为有 18S rRNA 和 ITS 序列条带的对应菌液数目；N 为 PCR 扩增的菌液总数。

五、实验结果

（1）将滤膜法中菌落划线涂板后的菌落形态观察鉴别结果记在表 11 - 2 中。

表 11-2 菌落形态观察结果

菌　落	大　小	形　状	增殖方式（芽殖或裂殖）
1			
2			
3			
……			

（2）依据 18S rRNA 和 ITS 序列 PCR 结果计算得出海水中酵母菌含量百分比。

六、注意事项

（1）在分离酵母菌的过程中，要注意无菌操作。

（2）切胶时需要打开紫外灯，紫外线对人体皮肤有强烈的辐射危害，切胶时戴好乳胶手套，避免紫外线直射皮肤造成伤害。

七、思考讨论

从海水中分离的酵母中是否含有和陆地或淡水环境相同的种类？请分析原因。

实验十二　产纤维素酶海洋酵母的分离及筛选

一、实验目的

学习分离产纤维素酶海洋酵母的原理和方法。

二、实验原理

纤维素酶（cellulase），是指能够将纤维素水解成葡萄糖的一组酶，它包括多种水解酶成员，构成一个复杂的纤维素酶家族，包括葡聚糖内切酶、葡聚糖外切酶、β－葡萄糖苷酶。纤维素只有在这3种酶的协同作用下才能被水解成葡萄糖。纤维素作为地球上分布最广、数量最大的可再生碳水化合物资源，它的降解、转化是自然界碳素循环转化的中心环节。利用纤维素酶可开发丰富的纤维素资源，微生物产生的纤维素酶将有广泛的应用前景。

现今所用到的以植物性原料为主的饲料中含有较多的纤维素，在饲料中添加饲料纤维素酶，可以降解天然纤维素，使之生成葡萄糖，从而直接提高饲料的利用效率。但目前已发现的产纤维素酶的菌株多以陆地菌株为主，不一定适合海洋养殖环境。而海洋微生物酶一般具备耐高盐、耐高温、可在室温下长时间保持高活性、耐极端pH等特性，这将能够在很大程度上解决因工业化生产中的高盐、高温、强碱或强酸等环境而导致的酶失活的问题。因此，筛选生产纤维素酶的海洋菌株就显得很有必要。

常用的刚果红染色法可用于鉴别纤维素酶，并具有分解纤维素的作用。刚果红能与培养基中的纤维素形成红色复合物，当纤维素酶存在时，纤维素会被分解，刚果红和纤维素便没法形成红色复合物，培养基中便会在纤维素酶处出现透明圈。氯化钠可以洗去和纤维素结合不牢的刚果红，这样就在培养基上留下大小不一的透明圈，透明圈越大说明纤维素酶分解纤维素的能力越强。

三、实验材料

（一）实验试剂

刚果红染液、柠檬酸钠、纤维素、氯化钠。

（二）实验培养基

（1）2216E固体培养基平板、液体培养基和斜面培养基。

（2）刚果红纤维素鉴别培养基下层：蛋白胨5.0 g，酵母汁膏1.0 g，人工海水1 000 mL，2.0%琼脂粉，pH为7.6～7.8。

（3）刚果红纤维素鉴别培养基上层：0.7%琼脂溶于蒸馏水中，1%纤维素溶于等体积的40 mM柠檬酸钠（pH=5.4）缓冲溶液中，混匀。

（三）实验器材

无菌培养皿、无菌水、灭菌过滤器、接种环、涂布棒、酒精灯、无菌三角瓶、恒温箱摇床。

四、实验方法

1. 样品采集

利用灭菌三角瓶从海水近岸采集水样50 mL，并对水样进行适当的稀释。

2. 样品处理

将无菌的1 μm纤维素滤膜安装在滤器上，灭菌后过滤50 mL海水，真空抽滤至海水样品滤尽。

3. 培养

在无菌条件下，打开滤器，取出滤膜，将滤膜有菌一面贴在2216E培养基平板上，膜下保持无气泡，于28 ℃倒置过夜培养。

4. 菌株纯化

48 h后，观察覆盖滤膜的培养平板，从培养基上利用接种环挑取菌落，划线于2216E琼脂平板分离酵母菌株。

5. 纯化菌株培养

将划线分离得到的菌株分别接种于2216E斜面培养基，培养好后，存放于4 ℃冰箱。

6. 刚果红筛选培养

将分离纯化得到的菌株分别挑单菌落依次接种在刚果红纤维素鉴别培养基下层，然后将配制好的50 ℃上层培养基倒入，室温培养72 h。

7. 刚果红鉴定

在培养好的刚果红鉴定培养皿中加入适量1 mg/mL刚果红溶液，染色3 h；弃去染液，加入适量1 mol/L NaCl溶液，浸泡1 h。若细菌产生纤维素酶（CMC酶），则会在菌落周围出现清晰的透明圈，依据透明圈直径及其与菌落直径之比的大小选择产酶量高的菌株。

8. 纯化

挑取透明圈较大的酵母菌，在2216E琼脂平板上划线培养，倒置于28 ℃恒温培养箱，培养1～2天。

9. 分析

对所得单菌落进行革兰氏染色，观察芽孢形成、细胞形态、运动性、菌落颜色、氧化酶和过氧化氢酶产生等细菌学特性，结合《伯杰氏细菌鉴定手册》对菌株进行鉴定。

10. 保种

将鉴定的菌株接种于2216E斜面培养基上，培养后保种。

五、实验结果

在表12－1中记录所分离的产纤维素酶酵母的产纤维素酶能力。

表12－1 产纤维素酶酵母的产纤维素酶能力

菌 落 编 号	透明圈直径（D）	菌落直径（d）	D/d

说明所分离的产纤维素酶酵母菌的菌株鉴定结果，见表12－2。

表12－2 鉴定结果

菌 落 编 号	种　　类

六、注意事项

材料应适量，过多会导致酵母生长过密，不易分离纯化。

七、思考讨论

鉴别产纤维素酶海洋酵母的方法还有哪些？

实验十三　海洋噬菌体的分离纯化及效价测定

一、实验目的

（1）学习从海水中分离、纯化噬菌体的基本原理和方法。
（2）掌握噬菌斑的形成原理和方法。
（3）学习噬菌体效价的测定方法。

二、实验原理

噬菌体是专性寄生于细菌的寄生物，自然界中但凡有细菌分布，均可发现有其特异的噬菌体，且噬菌体随着细菌的差异分布而不同。例如，大肠杆菌噬菌体容易从含有大量大肠杆菌的粪便与阴沟污水中分离。乳酸杆菌噬菌体则较容易从含有较多乳酸杆菌的乳牛场中分离。虽然噬菌体离开宿主菌后仍可独立存活，但没有宿主细菌的地方，其特异噬菌体数量非常少。

噬菌体入侵宿主菌细胞包含一系列的步骤，首先噬菌体 DNA 或 RNA 侵入细菌细胞进行复制、转录以及基因的表达，从而完成噬菌体颗粒的装配，然后通过裂解宿主细胞或者通过"出芽"的方式从宿主细胞释放出来。因此，噬菌体可以使液体培养基中浑浊的菌悬液变得澄清或者比较澄清，这一现象可证实有噬菌体的存在。也可利用这一特性和方法来完成特异噬菌体的分离。在固体琼脂平板上，噬菌体可限制寄主细菌的生殖或者裂解细菌，从而形成透明的或浑浊的空斑，即噬菌斑，一般一个噬菌体可产生一个噬菌斑，故利用此现象可纯化分离到噬菌体和测定噬菌体的效价。

噬菌体的效价是指每毫升培养液含有的具有感染性的活噬菌体的数量。通常利用双层琼脂平板法来测定效价，在含有特异宿主细菌的琼脂平板上形成的噬菌斑形态大小肉眼可见，清晰度高，可准确地进行噬菌斑计数。因此，通常以在平板菌苔表面形成的噬菌斑数目换算成每毫升样品中的噬菌体数目来表示噬菌体效价。噬菌斑计数的方法的实际统计结果难以接近100%，因为某些活噬菌体可能未引起感染。因此，一般采用噬菌斑的形成单位（plaque forming units，PFU）来准确地表达病毒悬液的效价或滴度。

本实验是从近岸海水中分离交替假单胞菌菌体，海水中含有多种细菌，故刚分离出的噬菌体常不纯，会导致噬菌斑的形态大小不一致，需要在多步反复纯化后进行效价测定。

三、实验材料

（一）实验菌株和样品

近岸海水、交替假单胞菌。

（二）实验培养基

2216E 液体培养基、上层琼脂培养基（0.7% 琼脂）、底层琼脂培养基平板（2% 琼脂）。

（三）实验器材

离心机、0.22 μm 的滤膜、无菌培养皿、无菌水、灭菌过滤器、真空泵、涂布棒、酒精灯、无菌三角瓶、恒温水浴锅。

四、实验方法

（一）噬菌体的分离

1. 菌悬液的制备

将交替假单胞菌接入 20 mL 2216E 液体培养基中，28 ℃培养 18 h，使细菌生长至对数期。

2. 噬菌体增殖培养

在上述培养的菌悬液中加入海水样品 20 mL，28 ℃振荡培养 24 h。

3. 噬菌体裂解液制备

将培养液 4 000 r/min 离心 10 min，将上清液倒入装有 0.22 μm 滤膜的滤器中，真空抽滤除菌，所得滤液倒入无菌三角瓶中，28 ℃培养过夜，以做无菌检查，确保无菌状态。

4. 噬菌体验证

经过 28 ℃过夜培养，检查无菌的滤液，进一步验证有无噬菌体。

（1）滴一滴交替假单胞菌悬液于 2216E 琼脂平板上，再用无菌的涂布棒均匀涂布成薄层。

(2) 待平板上的菌液干后,将滤液小滴随机分散滴加在平板菌层上,另在平板某一区滴一小滴生理盐水做对照,置于 28 ℃过夜培养。如果次日在滴加滤液处出现无菌生长的噬菌斑,即可证明滤液中存在交替假单胞菌噬菌体。

(二) 噬菌体的纯化

1. 噬菌体接种

观察上述平板中的噬菌斑形成情况,若有噬菌斑形成,则用无菌的接种环将其挑取接种于液体培养基中,按 10 倍稀释法进行 3 个梯度稀释,再在每个稀释液中加入 0.1 mL 交替假单胞菌悬液。

2. 噬菌体分离培养

先配制底层普通 2216E 琼脂培养基,倒于平板上,凝固后,将上层琼脂培养基加热融化后冷却至 48 ℃左右,分别立即加入上述 3 个稀释梯度的噬菌体和细菌混合液 0.2 mL,摇匀后倒于底层平板上,待其凝固后置于 28 ℃过夜培养。

3. 噬菌体纯化

观察平板中噬菌斑的大小形态是否一致,若差异较大,则重复上述分离步骤操作,直至在平板中出现大小形态一致的噬菌斑,这表明为纯的噬菌体。采用接种针在噬菌斑中刺一下挑取噬菌体,接种于含有交替假单胞菌的培养基内,置于 28 ℃过夜培养。

(三) 噬菌体的效价测定

1. 稀释噬菌体

将 10^{-2} 交替假单胞菌进行 10 倍梯度稀释,用无菌吸管从中吸取 0.1 mL 噬菌体,注入标有 10^{-3} 的 0.9 mL 液体培养基中,并摇动试管使其充分混匀。以此方法,分别类推稀释至 10^{-4}、10^{-5} 和 10^{-6},见图 13-1。

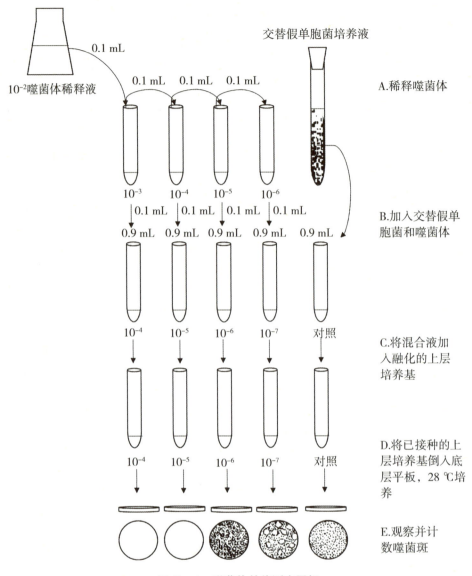

图 13-1　噬菌体效价测定图解

2. 混合噬菌体和细菌

将 5 支空的灭菌试管依次标注 10^{-4}、10^{-5}、10^{-6}、10^{-7} 和对照。用无菌吸管从上述 10^{-3}、10^{-4}、10^{-5}、10^{-6} 的噬菌体中吸取 0.1 mL 分别对应注入 10^{-4}、10^{-5}、10^{-6}、10^{-7} 试验管中，见图 13-1，每种稀释液做 3 个重复样品。将交替假单胞菌培养液混匀，依次在试验管和对照管中分别加入 0.9 mL 菌悬液。

3. 保温

将试验管和对照管置于 28 ℃恒温箱中 5 min，使噬菌体充分吸附菌体细胞从而实现入侵。

4. 混合液和上层培养基混匀

将上层培养基融化后分装至 15 支试管,并标注为 10^{-4}、10^{-5}、10^{-6}、10^{-7} 试验管和对照管各 3 支。将培养基放入 48 ℃冷却存放。将步骤 3 中试验管和对照管中的混合液对号依次加入上层培养基试管内,搓动混匀。

5. 倒上层平板

将混匀后的上层培养基迅速对号倒入已标注的底层平板上,轻晃混匀使其铺满平板,待平板凝固后置于 28 ℃培养 24 h。

6. 噬菌体效价计算

观察不同稀释度的平板中是否形成噬菌斑,记录噬菌斑形成数目,选取含有 30～300 个噬菌斑数目的平板,依据以下公式计算出每毫升未稀释原液的噬菌体效价:

$$噬菌体效价 = PFU \times 稀释倍数 \times 10$$

五、实验结果

(1) 仔细观察形成的噬菌斑形态,绘图表示。

(2) 将不同稀释度的平板中的噬菌斑数目计数结果记在表 13-1 中。

表 13-1 噬菌斑生长结果

噬菌体稀释度	10^{-4}	10^{-5}	10^{-6}	10^{-7}	对 照
噬菌斑数目					

(3) 噬菌体的效价是多少?

六、注意事项

(1) 采用双层琼脂平板法时,注意在上层固体培养基中加入噬菌体和菌液混合样品后要快速混匀并倒入下层平板,避免时间太长导致上层培养基凝固。

(2) 噬菌体和菌液混合吸附后不宜长时间存放,应尽快和上层培养基混匀倒入平板培养,否则个别菌体会在存放期间被噬菌体裂解而影响结果。

(3) 因本实验稀释梯度多且具有实验重复组,故在操作时各试管、平皿之间要按照标注准确对应加样,切莫混淆。

七、思考讨论

(1) 海水为什么要过滤除菌后才可加入交替假单胞菌悬液中?不过滤的海水将会可能出现什么实验结果?为什么?

(2) 想要准确测得噬菌体的效价,整个操作过程中需要注意什么?

(3) 计算噬菌体效价时,为什么选取 30～300 个噬菌斑数目的平板比较好?

实验十四　海洋细菌的分离培养及鉴定

一、实验目的

(1) 学习并掌握从海水中分离细菌的方法和原理。
(2) 了解海洋细菌培养的条件，掌握海洋细菌培养的方法。
(3) 学习形态学和分子生物学特性在海洋细菌鉴定中的应用。

二、实验原理

海洋独特的自然条件养育了多种多样的微生物，已知的包括海洋细菌、海洋真菌和海洋病毒等。海洋微生物不仅对于海洋环境的物质稳态和生态平衡具有重要的维持作用，也是当今新型资源菌株和活性物质的潜在来源。细菌是海洋微生物的重要组成部分，属于原核生物，个体微小，直径大小为 0.5～5 μm，一般只在显微镜下才能够看到。目前，对于近岸区域海水样品中细菌的分离最常采用的是梯度稀释法或滤膜过滤法，将细菌浓缩在滤膜上进行分离培养。

海洋中细菌种类复杂繁多，所需要的生长条件和物质营养需求各异，因此，很难在同一条件下使海洋中的所有细菌都生长。目前，通常采用的细菌培养方法为使用 2216E 培养基在 28～37 ℃进行细菌培养。

海洋细菌的鉴定主要包括两大类：形态学鉴定和分子生物学特征鉴定。形态学鉴定是指观察细菌形成的菌落状况，通常细菌形成的菌落比较小，多呈透明、浅白或较淡的颜色，菌落表面光滑黏稠或粗糙干燥。分子生物学方法主要依据广泛存在于原核生物细胞中的 16S rRNA 来鉴定。结合 PCR 技术的灵敏性和 16S rRNA 序列恒定区的保守性可实现对细菌的鉴别。不同种属细菌的 16S rRNA 可变区序列各不相同，利用其可以实现细菌种类的鉴定。

三、实验材料

(一) 实验样品

近岸海水。

(二) 实验培养基和试剂

2216E 固体培养基和液体培养基、TAE 电泳缓冲液、DNA marker、GelRed 核酸染料、琼脂糖、2×TaqMaster mix。

（三）实验器材

无菌培养皿、无菌水、灭菌过滤器、0.45 μm 纤维素滤膜、接种环、酒精灯、无菌三角瓶、恒温箱摇床、无菌移液管、PCR 仪、离心管、电泳槽、电泳仪。

（四）引物序列

细菌 16S rRNA 序列恒定区 PCR 扩增的一对通用引物：上游引物序列为 5'AGAGTTTGATCCTGGCTCAG3'，下游引物序列为 5'GGTTACCTTGTTACGACTT3'。

四、实验方法

（一）细菌分离培养

1. 安装灭菌滤器

将无菌的 0.45 μm 纤维素滤膜安装在滤器上，放于高压蒸汽灭菌锅 121 ℃ 灭菌 20 min。

2. 过滤海水

真空抽滤设备连接好滤器后，将 50 mL 海水注入滤器内，真空抽滤至海水样品滤完。

3. 培养

在无菌条件下，打开滤器，取出滤膜，将滤膜贴在 2216E 固体培养基上，膜下保持无气泡，于 37 ℃ 倒置过夜培养。

4. 纯化

取出培养皿观察，可见有不同的菌落，以无菌操作方法挑取多个不同菌落，分别在 2216E 固体培养基上划线培养，并做好菌落标记。

（二）细菌的鉴定

1. 菌落形态观察鉴定

取出划线平板观察，观察菌落大小、形状、颜色、透明度、湿润度等菌落特征，记录在表 14-2 中。

2. 接种活化

挑取标记好的不同菌落，接种于装有 2216E 液体培养基的 1.5 mL 离心管中，置于 37 ℃ 恒温摇床中培养 16 h。

3. 细菌 16S rRNA 序列的 PCR 扩增

在 0.2 mL 的 PCR 管中依次加入下列试剂进行菌液 PCR（见表 14-1）。

表 14-1 PCR 反应体系

成　　分	用　　量
菌液	1 μL
上游引物（10 μM）	0.5 μL
下游引物（10 μM）	0.5 μL
2×TaqMaster mix	10 μL
无菌双蒸水	8 μL
合计	20 μL

将上述混合物混匀离心后进行 PCR，扩增条件如下。预变性：94 ℃，5 min；变性：94 ℃，30 s；退火：55 ℃，30 s；延伸：72 ℃，1 min，共 35 个循环；延长：72 ℃，10 min；保温：4 ℃。

4. 电泳、分析

将 PCR 产物按照菌落标记的顺序在 1.2% 琼脂糖凝胶中进行电泳，分析是否有预期大小的 16S rRNA 条带。

5. 计数

统计有 16S rRNA 条带的对应菌液数目，根据以下公式计算出海水中细菌的含量：

$$海水中细菌的含量 = M/N \times 100\%$$

式中，M 为有 16S rRNA 条带的对应菌液数目；N 为 PCR 扩增的菌液总数。

五、实验结果

(1) 将滤膜法中菌落划线涂板后菌落的形态观察鉴别结果记在表 14-2 中。

表 14-2 菌落形态观察结果

菌落	大　小	形　状	颜　色	干　湿	透明度	边　缘
1						
2						
3						

(2) 依据 16S rRNA 序列 PCR 结果计算得出海水中的细菌含量百分比。

六、注意事项

(1) 在分离细菌的过程中，要注意无菌操作。

(2) 细菌划线分离过程中，注意接菌量不宜过多，避免无法挑选出单菌落。

七、思考讨论

(1) 通过该实验是否能培养海水中全部细菌?为什么?

(2) 所分离细菌中是否还有陆源细菌?请分析原因。

实验十五 金黄色葡萄球菌的海洋拮抗细菌的分离及筛选

一、实验目的

（1）熟悉从海水中分离细菌的方法。
（2）学习拮抗细菌的筛选方法。

二、实验原理

陆地微生物一直是人类获取抗生素的重要生物资源，但随着陆地微生物资源开发、利用程度的不断加深，从中发现新型抗菌物质的概率越来越低。海洋生态环境中高盐、高压、低温、低营养等特殊条件，造就了海洋生物种类的多样性和生物结构的特殊性。目前，海洋微生物已成为发现重要药物先导物和新生物作用机制药物的主要源泉。随着有机化学、分子生物学和现代分离鉴定技术的迅速发展，以及活性物质筛选手段的提高，人们已在海洋微生物抗菌活性物质研究方面取得了很大的进展，从海洋中鉴定出一系列具有抗菌活性的微生物，并从中分离出许多结构新颖的抑菌活性物质。

金黄色葡萄球菌是一种较为常见的病原菌。金黄色葡萄球菌为革兰氏阳性菌，常污染食物，造成食物中毒及多种炎症。通过检测分离纯化得到的海洋细菌发酵液是否能抑制金黄色葡萄球菌生长，可以初步判断该细菌与金黄色葡萄球菌是否为拮抗关系。

三、实验材料

（一）实验样品

近岸海水样品 100 mL。

（二）实验培养基

2216E 固体培养基和液体培养基、LB 液体培养基和固体培养基。

（三）实验器材

无菌培养皿、灭菌过滤器、接种环、酒精灯、无菌三角瓶、恒温摇床、无菌移液管。

四、实验方法

(一) 细菌分离培养

1. 安装灭菌滤器

将无菌的 0.45 μm 纤维素滤膜安装在滤器上，121 ℃灭菌 20 min。

2. 过滤海水

真空抽滤设备连接好滤器后，将 100 mL 海水注入滤器内，真空抽滤至海水样品滤完。

3. 培养

在无菌条件下，打开滤器，取出滤膜，将有菌面滤膜贴在 2216E 固体培养基上，膜下保持无气泡，于 37 ℃倒置过夜培养。

4. 纯化

取出培养皿观察，可见有不同的菌落，以无菌操作挑取多个不同菌落，分别在 2216E 固体培养基上划线培养，并做好菌落标记。

(二) 拮抗细菌的筛选

1. 制备细菌发酵液

将分离得到的菌株分别接种于 10 mL 的 2216E 液体培养基中，于 37 ℃下 200 r/min 摇床培养 24 h。将得到的菌悬液 10 000 r/min、4 ℃离心 5 min，吸取上清液，用 0.22 μm 微孔滤膜过滤除菌，得到细菌发酵液。

2. 含菌平板制备

将含有金黄色葡萄球菌的菌悬液分别与 LB 固体培养基混合，制成含病原菌的平板。

3. 筛选培养

在含菌平板上均匀打孔，在每个孔内注入 50 μL 不同细菌发酵液，37 ℃培养 24～48 h，观察测量抑菌圈，并记录实验结果。

五、实验结果

在表 15-1 中记录统计筛选结果。

表 15-1　记录统计筛选结果

细 菌 编 号	含菌平板类型	是否产生抑菌圈	抑菌圈直径

六、注意事项

（1）接菌要适量。
（2）注意无菌操作。

七、思考讨论

（1）从哪些方面可以进一步优化本实验设计？
（2）除了抑菌圈法，还有哪些方法可以分析菌株的抑菌活性？

实验十六 海水鱼类病毒性病原体的分离及鉴定

一、实验目的
（1）掌握 RNA 提取方法。
（2）掌握鱼类病毒的分离和鉴定方法。

二、实验原理
我国是水产养殖大国，病毒性疾病的暴发对水产养殖业造成巨大的经济损失。分离和鉴定病毒性病原体是开展鱼类病毒致病机制和免疫防控研究的基础。本实验以海洋模式生物——海水青鳉和重要的海洋病毒——赤点石斑鱼神经坏死病毒（red-spotted grouper nervous necrosis virus，RGNNV）为例，讲述海水鱼类病毒的分离与鉴定方法。

RGNNV 是鱼类神经坏死病毒（nervous necrosis virus，NNV）的一种，主要侵染鱼类神经系统，导致鱼类行为异常，大量死亡。其感染症状通常为体表褪色或发黑、眼球充水凸出、厌食、身体瘦弱，常浮于水面，间歇性螺旋状游泳。

病毒不能自主复制，需要寄生于宿主细胞内，通过宿主的细胞器完成自身的复制与增殖。因此，病毒的富集与分离通常依赖于实验动物或细胞系。将病毒接种于实验动物或细胞进行增殖富集，然后破碎细胞释放病毒，除菌处理后即可冷冻保存。

病毒的鉴定方法繁多，包括组织学观察、电镜观察和 PCR 鉴定等。本实验主要在通过 PCR 方法对病毒种类进行鉴定的基础上，进一步利用病毒敏感细胞系分离鱼类病毒。

三、实验材料

（一）实验样品
健康海水青鳉、RGNNV。

（二）实验仪器
剪刀、镊子、注射器、1 mL 匀浆器、0.22 μm 滤器、1.5 mL 离心管（Rnase free）、24 孔细胞培养板、细胞培养箱。

（三）实验试剂
PBS 缓冲液、M199 培养基、75% 酒精、异丙醇、氯仿、Trizol（Invitrogen）、Pri-

meScript™ RT Reagent Kit（TaKaRa）、2×TaqMaster Mix（TransGen）。

四、实验方法

（一）感染

选择健康海水青鳉幼鱼（1～2 cm），分成 2 组，每组 12 条。实验组每条鱼腹腔注射 20～50 μL 的 RGNNV 病毒液，对照组注射等量的 PBS 缓冲液。

（二）观察

每天观察实验海水青鳉的健康状况，并记录比较实验组与对照组的差别。

（三）分离

注射 24～48 h 后，实验组和对照组分别取 6 条鱼（剩余 6 条用于观察，直至实验组死亡）。用无菌 PBS 冲洗鱼 3 遍，分成 2 份。一份加 1 mL 的 M199 培养基，用匀浆器进行研磨，收集匀浆液，置于 -80 ℃ 冰箱，反复冻融 3～5 次，3 000 r/min 离心 5 min 后，用 0.22 μm 的无菌滤器过滤除菌，然后保存于 -80 ℃，用于病毒分离。另一份置于 1～3 mL Trizol 中，用匀浆器充分研磨，用于后续 RNA 提取。

（四）RNA 提取

（1）将组织加入 1 mL Trizol 中研磨。

（2）在匀浆液中加入 200 μL 氯仿，氯仿与 Trizol 的比例为 1∶5，振荡混匀，室温静置 5 min。

（3）4 ℃，12 000 r/min，离心 15 min。

（4）吸上清液置于新的无 RNase 的 1.5 mL 离心管中并标记。

（5）加入与上清液等体积的异丙醇，混匀，室温静置 10 min。

（6）4 ℃，12 000 r/min，离心 15 min。

（7）弃上清液，加入 1 mL 75% 酒精，轻轻翻转 2 次。

（8）4 ℃，7 500 r/min，离心 5 min。

（9）弃废液，将管内液体晾干，此时的沉淀为 RNA。

（10）加入适量的无 RNase 水溶解，并测定 RNA 浓度。

（五）反转录

（1）去除基因组 DNA 反应。在冰上配制反应混合液，反应体系见表 16-1。

表 16 – 1　去除 DNA 反应体系

成　　分	用　　量
5 × gDNA Eraser Buffer	2 μL
gDNA Eraser	1 μL
Total RNA	不超过 2 μg
RNase Free dH$_2$O	up to 10 μL

（2）混匀后，42 ℃反应 2 min 或者室温 5 min。

（3）反转录反应。反应液配制在冰上进行，反转录体系见表 16 – 2。

表 16 – 2　反转录体系

成　　分	用　　量
5 × Prime Script Buffer	4 μL
Prime Script RT Enzyme mix	1 μL
RT Primer mix	1 μL
RNase Free dH$_2$O	4 μL
步骤（1）的反应液	10 μL
合计	20 μL

（4）将上述液体混匀，37 ℃，反应 15 min。然后，85 ℃，5 s，使反应体系中的反转录酶失活，此步骤推荐在 PCR 仪中进行，cDNA 置于 – 20 ℃保存。

(六) PCR 鉴定

以反转录合成的 cDNA 为模板，利用 RGNNV 特异引物（RGNNV-F：AGCGG-GAAATGGAACTGG，RGNNV-R：CGACACGATGTTACGATGC），进行 PCR 扩增。对 PCR 产物（预期大小 631 bp）进行琼脂糖凝胶电泳检测。PCR 反应体系见表 16 – 3。

表 16 – 3　PCR 反应体系

成　　分	用　　量
2 × TaqMaster mix	10 μL
上游引物（10 μM）	0.5 μL
下游引物（10 μM）	0.5 μL
cDNA	1 μL
无菌双蒸水	up to 20 μL

PCR 反应扩增条件如下：预变性：94 ℃，5 min；变性：94 ℃，30 s；退火：55 ℃，30 s；延伸：72 ℃，45 s，循环 35 次；延长：72 ℃，10 min。

（七）RGNNV 的分离和体外增殖

（1）准备 RGNNV 敏感细胞系 FHM（胖头鲤肌肉细胞系），传代于 24 孔细胞培养皿中，用 M199 培养基培养 16～24 h，待其贴壁稳定，细胞密度需达到 70% 以上。

（2）取上述过滤后的组织匀浆液 50 μL，接种于 FHM 细胞，每天观察细胞 CPE（细胞病变效应）。

（3）待孔内细胞死亡率达到 80% 以上，将孔内细胞连同培养基一起收集，置于 -80 ℃反复冻融 3 次以上，使细胞破裂，病毒完全释放。

（4）病毒液 3 000 r/min 低速离心 5 min，收集上清液保存于 -80 ℃。

五、实验结果

（1）描述感染 RGNNV 后实验鱼的症状。
（2）记录病毒的 PCR 鉴定和细胞分离结果。

六、注意事项

（1）细胞传代时要注意细胞密度，不能太密也不能太稀。
（2）培养细胞全程需要无菌操作。

七、思考讨论

（1）影响鱼类病毒对鱼类细胞体外感染的因素有哪些?
（2）简述鱼类病毒的其他鉴定方法。

实验十七　海洋发光细菌的分离、培养及鉴定

一、实验目的
（1）了解常见的海洋发光细菌。
（2）学习和掌握海洋发光细菌的分离、培养与鉴定方法。

二、实验原理
发光细菌是一类在正常生理条件下能够发射可见荧光（波长为 450～490 nm）的异养细菌。细菌的发光由细菌荧光酶催化的代谢过程形成，表达荧光酶的基因称为 lux 基因。所有已发现的发光细菌都存在 lux 基因。目前，已发现和命名的发光细菌大约有 11 种，主要包括弧菌属（*Vibiro*）、发光杆菌属（*Photobacterium*）、希瓦氏菌属（*Shewanella*）和异短杆菌属（*Xenorhabdus*）。

海洋中的发光细菌，除了在海水中自由浮游生存以外，还可寄生于其他海洋生物体。许多海洋生物的发光与发光细菌有关，如某些鱼类、软体动物等的发光是由海洋发光细菌寄生、共栖生存所致的。因此，鱼类、乌贼及虾蟹等海洋动物的体表是分离发光细菌的良好材料。

海水中的发光细菌稀散而且微小，为了分离更多的细菌，通常用硝基纤维薄膜过滤海水富集细菌，然后将滤膜直接放在培养基上培养。因为过滤的薄膜上还有其他的菌，所以要将培养皿置于室温条件下培养 14～24 h，在暗室观察是否有绿色亮点。若有，则在无菌操作条件下用接种针取亮点处少量菌在培养基中分区划线纯化菌种，直至出现亮点单菌落。

发光细菌是一类比较特殊的细菌，本实验对海洋生物上的发光细菌分类鉴定的思路是：首先通过传统的分类与鉴定方法，以发光细菌的表型特征和生理生化实验结果为基础，参照《伯杰氏细菌鉴定手册》对比得出发光细菌的属；然后在得出的属水平上进行分子鉴定，确定其种的水平以及菌的来源。

（1）平板划线：指将混杂在一起的微生物或同一微生物群体中的不同菌株，通过在分区的平板表面上做多次划线稀释而得到较多独立分布的单个菌株，培养后生长繁殖成单菌落，通常将这种单菌落视为待分离物种的纯种。但有时单菌落并非都由单个菌株繁殖而成，因此，必须多次反复分离才可获得纯种。

（2）简单染色：原理见实验一。

（3）革兰氏染色：原理见实验一。

（4）芽孢染色：细菌的芽孢有着厚且致密的壁，通透性较低而不易着色，普通染色方法只能使菌体着色但芽孢不着色（无色透明），芽孢染色通常使用着色强的染

液，并加热，促进芽孢染色，再使菌体脱色，而芽孢中的染料难以脱出，因此保留初染颜色，之后使用对比度强的染料对菌体进行复染，芽孢与菌体呈现不同颜色，便于显微镜下观察。

（5）鞭毛染色：细菌的鞭毛非常细小，直径一般为10～20 nm，只有电子显微镜才能直接观察到。若进行鞭毛染色，则在光学显微镜下也能观察到鞭毛。鞭毛染色方法很多，但原理基本一致——在染色前利用媒染剂进行处理，使其沉积在鞭毛上，鞭毛直径增大，再染色。常见的媒染剂由丹宁酸和氯化铁或钾明矾等配制。

（6）接触酶反应：具有过氧化氢酶的细菌，能催化过氧化氢生成水和新生态氧，继而形成分子氧出现气泡。

（7）氧化酶反应：氧化酶使细胞色素C氧化，然后此氧化型细胞色素C再使对苯二胺氧化，产生颜色反应。

（8）葡萄糖发酵产酸：不同的细菌分解糖、醇的能力不同。有的细菌能分解某些糖，产酸、产气，有的仅产酸不产气，因此，可以将分解利用糖的能力差异作为鉴定菌种的依据。

三、实验材料

（一）实验样品

新鲜的海鱼或乌贼。

（二）实验试剂

3% NaCl 溶液、发光细菌培养基、无菌生理盐水、蒸馏水、吕氏碱性美兰、2216E 琼脂培养基、草酸铵结晶紫染色液、碘液、95% 乙醇、番红染色液、5% 孔雀绿水溶液、鞭毛染色 A 液、鞭毛染色 B 液、浓氨水、3% 过氧化氢溶液、1% 盐酸四甲基对苯二胺溶液、半固体葡萄糖发酵培养基。

（三）实验仪器

恒温培养箱、接种环、载玻片、显微镜、酒精灯。

四、实验方法

（一）发光细菌丰富培养

取一条新鲜的海鱼或乌贼，放在直径为12～15 cm 的无菌培养皿内，从鱼体上面倒入无菌的3% NaCl 溶液，使液面的高度刚好在鱼体腹线处，不可将鱼体完全淹没。将培养皿放入20～25 ℃的培养箱中，培养1～2天。在黑暗房间内观察，若有发光细菌在鱼体表面生长，则可看见微弱的亮点。此时应及时分离，否则腐生菌大量生长后，发光细菌被抑制观察不到发光，将无法进行分离。

（二）发光细菌的第 1 次分离

在黑暗处，用接种环在鱼体表面发亮处挑取少许发光细菌，在发光细菌培养基平板上划线，在 20～28 ℃温箱中培养 1～2 天，即可在培养基上看到发光细菌的菌落。此时，发光细菌在菌落中已占优势，但还会有许多腐生细菌混杂在内，若不及时进一步分离纯化，时间一久，腐生菌又会大量繁殖。

（三）发光细菌的进一步分离与纯化

在暗处观察培养好的第 1 次分离的发光细菌平板，将发光细菌培养基上的发光细菌单菌落用记号笔标记，并将发光细菌单菌落划线接入发光细菌培养基平板，在 20～25 ℃温箱中培养 1～2 天，在黑暗中可见发光细菌的发光菌落，在亮处继续观察菌落的形态，若观察到的菌落形态一致，可初步确定为纯种，若菌落形态不一致，可继续在发光细菌培养基平板上划线，直至菌落形态一致。取菌落形态一致的发光细菌菌落涂布于滴有生理盐水的载玻片上，干燥、固定，用吕氏碱性美蓝进行简单染色，在显微镜油镜下检查，若菌体形态一致，可初步认为是纯种细菌，即可接种于斜面培养基上培养后保存。若不是纯种，则应再进一步用平板划线法进行纯化。

（四）斜面培养及保种

用接种环从平板上挑取已纯化的发光细菌单菌落，接种于 2216E 琼脂斜面上，在 20～25 ℃温箱中培养 1～2 天后，可以得到发光较亮的发光细菌斜面菌种。将斜面菌种置于 15 ℃生化培养箱保藏，可保藏 15 天至 1 个月，也可将斜面菌种用灭菌的保种液振荡冲洗，转移至 1.5 mL 的冻存管中，置于 −20 ℃冰箱冷冻保存，可保藏 1 年左右。

（五）菌种鉴定

对分离得到的发光细菌进行形态学、生理生化反应与分子生物学实验鉴定。

1. 革兰氏染色

将菌种接种于 2216E 琼脂斜面上，在 20～25 ℃温箱中培养 24 h，取一干净载玻片，在载玻片上滴 1 滴生理盐水，无菌操作取菌，涂片、干燥、固定；滴 1 滴草酸铵结晶紫染色液于涂片上染色 1 min，蒸馏水冲洗至流出的水无色为止；加 1 滴碘液媒染 1 min，用蒸馏水洗去碘液；连续滴加 95% 乙醇通过涂面，脱色 20～25 s 至流出液无色，立即水洗；滴加番红染色液复染 1～2 min，用蒸馏水洗去涂片上的番红染色液；染色片在空气中自然晾干，在光学显微镜下进行镜检，观察形态及颜色（紫色为革兰氏阳性菌，红色为革兰氏阴性菌）。

2. 芽孢染色

将菌种接种于 2216E 琼脂斜面上，在 20～25 ℃温箱中培养 24 h，取一干净载玻片，在载玻片上滴 1 滴生理盐水，无菌操作取菌，涂片、干燥、固定；加 5% 孔雀绿水溶液于涂片处，然后将涂片用试管夹夹住，用酒精灯火焰加热至染液冒蒸汽时开始计算时间，维持 15～20 min，加热过程中要随时交替添加染色液和蒸馏水，切勿让标本沸腾或干涸；待玻片冷却后，用水轻轻地冲洗，直至流出的水中无染色液为止，用番红染色液染色 2 min，水洗，晾干，在光学显微镜下进行镜检，观察有无绿色芽孢。

3. 鞭毛染色

将菌种接种于 2216E 琼脂斜面上，在 20～25 ℃温箱中培养 12～16 h，吸取少量蒸馏水滴在洁净玻片的一端，无菌操作在斜面上取菌少许，在蒸馏水中轻沾，立即将玻片倾斜，使菌液缓慢地流向另一端。用吸水纸吸去多余的菌液，涂片放空气中自然干燥；滴加鞭毛染色 A 液染色 4～6 min；用蒸馏水充分洗净 A 液；用鞭毛染色 B 液冲去残水，再加 B 液于玻片上，在酒精灯火焰上加热至冒蒸汽，维持 0.5～1 min（加热时应随时补充蒸发掉的染料，不可使玻片出现干涸）；用蒸馏水洗，自然干燥；在光学显微镜下进行镜检，观察有无鞭毛。

4. 接触酶反应实验

将菌种接种于 2216E 琼脂平板上，在 20～25 ℃温箱中培养 24 h，用滴管吸取 3% 过氧化氢溶液滴于平板的菌落上，若在 10 s 内产生大量气泡，则说明该菌为接触酶反应阳性。

5. 氧化酶反应实验

将菌种接种于 2216E 琼脂平板上，在 20～25 ℃温箱中培养 24 h，取白色干净滤纸 1 片，用新鲜配制的 1% 盐酸四甲基对苯二胺溶液湿润滤纸，用无菌牙签挑取菌落涂于滤纸上，若 10 s 内出现紫色，则说明该菌为氧化酶反应阳性。

6. 葡萄糖发酵产酸实验

将在 2216E 琼脂斜面上新鲜培养的菌种，穿刺接种于半固体葡萄糖发酵培养基试管内，于 28 ℃培养 2～7 天，若培养基颜色变为黄色，则说明该菌发酵葡萄糖产酸。

7. 细菌的 16S rDNA 序列测定

将菌种接种于 2216E 琼脂平板上，在 20～25 ℃温箱中培养 24 h，挑取单菌落悬浮于 50 μL 无菌蒸馏水中，于 100 ℃水浴加热 5 min，离心，取上清液作为 PCR 模板 DNA。扩增细菌 16S rDNA 序列，PCR 产物经纯化回收试剂盒纯化后，交由测序公司进行序列测定。将该菌的 16S rDNA 序列运用 Blast 程序与 GenBank 数据库中已存在的细菌 16S rDNA 核酸序列进行相似性比较分析。

五、实验结果

将实验结果填入表 17-1，吕氏碱性美兰一栏中填入观察到的形态，测序比对一栏中填入相似度最高的菌种及其数值（如：弧菌 *Vibrio sp.* 96%）。

表 17-1 细菌鉴定结果

项　目	结　果
吕氏碱性美兰	
革兰氏染色	
芽孢染色	
鞭毛鉴定	
接触酶反应	
氧化酶反应	
葡萄糖发酵产酸	
测序比对	

六、注意事项

样品最好是刚捕获的，市场上出售的鱼因捕获时间长而使腐生菌大量繁殖，不易分离到发光细菌。

七、思考讨论

（1）将测序所得相似性最高的物种与本实验观察的菌种进行比较，它们的形态及生理生化反应是否一致？为什么？

（2）描述所得细菌的发光情况。

实验十八 海水鱼类细菌病原体的分离及鉴定

一、实验目的

（1）学习从患病鱼体分离细菌的原理和方法。
（2）掌握鱼类病原菌纯化培养以及保藏的方法。
（3）鉴定分离得到的鱼类细菌种类。

二、实验原理

微生物的分离与纯化是指在混杂的微生物群体中获得只含有某一种或某一株微生物的过程。主要方法包括稀释平板法、涂布平板法、稀释摇管法和平板划线分离法等。本次实验主要采用涂布平板法，该方法的主要原理包括两个方面：①选择适合待分离微生物的培养条件，或者在培养基中加入药物筛选，抑制不需要的微生物生长，从而得到所需菌株；②通常认为在平板上生长形成的单个菌落是由一个细胞繁殖而成的，因此，可以通过挑取单菌落的方法获得纯的菌株。

细菌鉴定方法繁多，包括显微镜观察、药敏实验、PCR 分子鉴定等。本实验通过显微镜观察结合 PCR 分子鉴定的方法鉴定细菌。本实验用到的是哈氏弧菌，又称哈维氏弧菌，是革兰氏阴性菌，呈短杆状、极生单鞭毛、有侧毛、不泳动、不产色素、不发光。更加详细具体的内容可对照《伯杰氏细菌鉴定手册》。PCR 具有灵敏度高、简单、便捷等特点。以分离得到的菌株为模板，设计引物扩增哈氏弧菌的 16S rDNA 和 gyrB 基因，若能得到相应的目的条带，则鉴定其为哈氏弧菌。

16S rDNA 存在于所有细菌染色体基因中，是细菌的系统分类研究中最有用的和最常用的分子钟，其种类少、含量大、分子大小适中（1.5 kb），既能体现不同菌属之间的差异，又能利用测序技术较容易地得到其序列。

gyrB 即促旋酶（gyrase）的 B 亚单位基因，属于信息通路中与 DNA 复制、限制、修饰或修复有关的蛋白编码基因。gyrB 基因序列在区分和鉴定细菌近缘种方面，比非蛋白编码基因 16S rDNA 具有更高的分辨率，在研究细菌的系统发育和鉴定细菌亲缘种方面得到了广泛应用。

为了保持微生物菌种原有的特征及活力，根据其自身的生物学特点，通过人为干预，使微生物处于低温、干燥、缺氧的环境中，使其生长受到抑制，新陈代谢、生命活动处于休眠状态，从而达到保藏目的。常用的简易保藏法包括斜面低温保藏法、半固体穿刺保藏法、液状石蜡保藏法、含甘油培养物保藏法以及沙土管保藏法。本次实验采用的是含甘油培养物保藏法。

三、实验材料

（一）实验样品

海水青鳉鱼、哈氏弧菌。

（二）实验仪器

注射器、显微镜、匀浆器。

（三）实验试剂

2216E 液体培养基、2216E 固体培养基、PBS 缓冲液、无菌水。

四、实验方法

（一）感染

挑选健康海水青鳉鱼，在实验室暂养 1 周。将实验海水青鳉鱼分成 2 组，每组 20 条。将实验室培养的哈氏弧菌用灭菌 PBS 配成 1×10^7 CFU/mL 的菌悬液，实验组每尾腹腔注射 50 μL 的菌悬液，对照组每尾注射等量的 PBS。

（二）观察

每天观察实验海水青鳉的健康状况并记录比较实验组与对照组的差别。哈氏弧菌感染的主要病状为体表发白、游动迟缓、厌食、尾部严重溃烂。

（三）分离与培养

注射 48 h 后，实验组和对照组分别取 10 条鱼（剩余 10 条用于观察，直至实验组死亡），解剖，取其肝脏、脾脏、肾脏。将内脏用无菌 PBS 冲洗，置于含 PBS 的匀浆器内研磨，收集匀浆液并标记，适度稀释（1 g 组织加 50 mL PBS）。

取 200 μL 的匀浆液涂布于 2216E 固体培养基上，每组做 3 个平行样品，28 ℃ 培养 48 h 后，挑取每个平板上的优势单菌落 5 个于装有 1 mL 2216E 液体培养基的 1.5 mL 离心管中。28 ℃，200 r/min，摇床培养 6～12 h。

（四）鉴定

取上述培养菌液于显微镜下观察，对照《伯杰氏细菌鉴定手册》鉴定其种属。同时，以上述菌液为模板进行菌液 PCR 检测鉴定。

16S rDNA 的引物为：上游引物——5'AGAGTTTGATC(C/A)TGGCTCAG3'；下游引物——5'GGTTACCTTGTTACGACTT3'。

gyrB 的引物为：上游引物——5'GAAGTCATCATGACCGTTCTGCAYGCNGGNGGNAAR

TTYGA3';下游引物——5'AGCAGGGTACGGATGTGCGAGCCRTCNACRTCNGCRTCNGTCAT3'。20 μL PCR 体系见表 18-1。

表 18-1 PCR 反应体系

成 分	用 量
2×TaqMaster mix	10 μL
上游引物（10 μM）	0.5 μL
下游引物（10 μM）	0.5 μL
菌液	1 μL
无菌双蒸水	8 μL

PCR 扩增条件如下，预变性：94 ℃，5 min；变性：94 ℃，30 s；退火：55 ℃，30 s；延伸：72 ℃，90 s，循环 35 次；延长：72 ℃，10 min；4 ℃ 保存。

通过凝胶电泳及测序鉴定细菌种类。

（五）保藏

将上述鉴定正确的菌液与甘油混匀，甘油的终浓度为 10%～30%，置于冻存管中，密封标记，保藏于 -80 ℃ 冰箱内。

五、实验结果

（1）记录实验组与对照组海水青鳉的健康状况。
（2）鉴定细菌种类并描绘细菌形态。

六、注意事项

实验过程中保持无菌操作。

七、思考讨论

哈氏弧菌感染海水青鳉的方式是否影响分离鉴定结果？

实验十九 海水鱼类肠道微生物的分离、培养及鉴定

一、实验目的

熟练掌握海水鱼类肠道微生物的分离、培养和鉴定方法。

二、实验原理

鱼类肠道黏膜表面附着复杂的、动态的微生物群体。虽然肠道微生物的组成取决于遗传结构、营养组分以及环境因素,但是,鱼类肠道中所包含的菌群数量基本固定在每克 $10^7 \sim 10^8$ 个细菌的范围内。在许多海水鱼的肠道菌群中,气单胞菌属(*Aeromonas*)、产碱杆菌属(*Alcaligenes*)、交替单胞菌属(*Alteromonas*)、食杆菌属(*Carnobacterium*)、黄杆菌属(*Flavobacterium*)、微球菌属(*Micrococcus*)、莫拉克斯氏菌属(*Moraxella*)、假单胞菌属(*Pseudomonas*)以及弧菌属(*Vibrio*)中的成员占主要地位。与海水鱼不同,淡水鱼肠道菌群中的主要成员包括不动杆菌属(*Acinetobacter*)、气单胞菌属(*Aeromonas*)、黄杆菌属(*Flavobacterium*)、乳酸菌属(*Lactococcus*)、假单胞菌属(*Pseudomonas*)、肠杆菌科(Enterobacteriaceae)中的一些典型菌属,以及专性厌氧的拟杆菌属(*Bacteroides*)、梭菌属(*Clostridium*)和梭杆菌属(*Fusobacterium*)。

目前,地球上能够被体外培养的细菌仅占细菌总数的1%,利用显微镜观察到的细菌数量要远远大于可见的菌落数,因此,这个现象被称为"平板计数异常"。地球上的细菌目前大约可以被归为61个细菌门类,其中有31个门类不能被培养。为了能够提高细菌的培养效率,国内外学者做了大量的尝试,研究出一些相对有效的培养方法。

在鱼类肠道中,目前能被培养的细菌种类也非常少,因此,在本实验中,尽量模拟接近鱼肠道内的生活环境,但无法培养所有微生物。

三、实验材料

(一)实验样品

鲜活海鱼。

(二)实验仪器

超净工作台、冷冻离心机、超低温冰箱(−80 ℃)、电子天平、PCR仪、电泳仪、凝胶成像系统、厌氧培养箱、移液枪、灭菌锅、纯水仪、恒温摇床、50 mL离心

管、1.5 mL 离心管、细菌培养皿、锥形瓶、眼科剪、橡胶刮刀、酒精灯、接种环等。

(三) 实验试剂

无菌 PBS 缓冲液、0.22 μm 滤器、PCR 反应所需试剂、核酸回收试剂盒、pMD 18-T 载体、Solution Ⅰ、内切酶、各种培养基（见表 19-1）、琼脂粉、制真菌素、灭菌海水等。

表 19-1 不同培养基名称

培养基名称	来　源
tryptic soy broth/agar（TSB/TSA）	Difco 公司（美国）
brain heart infusion（BHI）	Difco 公司（美国）
De man, Rogosa, and Sharpe（MRS）	北京路桥（中国）
Thiosulfate-citrate-bile salt（TCBS）	Difco 公司（美国）
violet red bile dextrose（VRBD）	北京路桥（中国）
MacConkey	Difco 公司（美国）
LB 培养基	自配（配方见附录）
marine gause Ⅰ	自配（配方见附录）
2216E	自配（配方见附录）

四、实验方法

(一) 海鱼肠道中微生物及肠道上清液采集

1. 处理海鱼

在本次实验中，随机挑选健康（无明显疾病特征、饮食正常）的成年海鱼。

2. 肠道分离

在无菌的条件下，首先使用 75% 酒精清洗海鱼体表，随后利用灭菌眼科剪从泄殖腔处将海鱼腹部剖开，并将海鱼胃肠道分离出来放入培养皿中。使用无菌 PBS 缓冲液将肠道外壁上的血液、脂肪等物质清洗下来。

3. 内含物、黏膜分离

慢慢地将肠道内含物挤出，随后用灭菌眼科剪将肠道纵向剪开，使用 PBS 缓冲液清洗几次，去掉残留肠道内含物。之后使用橡胶刮刀将肠道内壁黏膜慢慢刮下来。将分离的内含物和黏膜混合在一起，放入含有 PBS 缓冲液的 50 mL 离心管中，混合均匀。

4. 内含物、黏膜进一步分离

使用眼科剪将剩余肠道剪成小段，放入 50 mL 离心管，加入 PBS 缓冲液，利用振荡器振荡 5 min，将离心管配平后，在 4 ℃条件下 800 r/min 离心 5 min，将上清液倒入新的 50 mL 离心管中。

5. 肠道上清液及肠道微生物的采集

将步骤 3 和步骤 4 中装入离心管的样品混合，利用 PBS 缓冲液配置成浓度为 25%（质量/体积）的肠道溶液，将其在 4 ℃条件下 4 000 r/min 离心 20 min。上层溶液即为肠道上清液，利用 0.22 μm 滤器过滤除菌，备用。剩余的沉淀样品即为所需海鱼肠道微生物，随后在每克沉淀中加入 1 mL PBS 缓冲液，吹打混匀，配制成肠道微生物悬液，备用。

（二）海鱼肠道微生物的分离与培养

（1）利用 PBS 缓冲液将肠道微生物悬液按梯度稀释 $10^1 \sim 10^6$ 倍。分别取 100 μL 每个梯度的溶液涂布在各种固体培养基中，将 100 μL PBS 缓冲液涂布在相应的培养基中作为阴性对照。

（2）将接种的培养基放入厌氧培养箱中，在 26 ℃条件下培养 1 个月，每周记录各个培养基中菌落的生长情况。

（3）将培养基中长出的菌落划线纯化 3 次，之后接种在含有 30% 甘油的相应液体培养基中，-80 ℃条件下保存。

（三）海鱼肠道微生物的鉴定

1. 菌落 PCR

挑取纯化后的菌落充分溶于 10 μL 无菌水中。从中吸取 1.5 μL 菌液作为模板，使用细菌 16S rDNA 通用引物进行 PCR 扩增，待反应结束后，采用 1% 琼脂糖凝胶电泳，并用凝胶成像系统检测结果。

2. PCR 扩增产物回收及纯化

根据核酸回收试剂盒说明书进行操作。

3. 载体连接

连接反应体系见表 19-2。

表 19-2 连接反应体系

成　　分	用　　量
纯化的 PCR 产物	1.5 μL
pMD 18-T 载体	0.5 μL
无菌水	0.5 μL
Solution Ⅰ	2.5 μL

所有组分充分混匀后，将 0.2 mL 离心管放入 16 ℃水浴连接过夜。

4. 转化

（1）将步骤 3 中得到的连接产物（共 5 μL）和 50 μL DH5α 感受态大肠杆菌加入 1.5 mL 离心管中，混合均匀，在冰上放置 30 min。在混合时尽量不要产生气泡，以免影响转化效率。

（2）将离心管放入 42 ℃水浴锅中热激 90 s 后，在冰上放置 3～5 min。

（3）加入 1 mL LB 液体培养基，在 37 ℃摇床（220 r/min）中培养 1 h。

（4）将 X-gal 和 IPTG 以 2∶1 的比例涂布在含有氨苄青霉素（AMP）的 LB 固体培养基上，之后取适量步骤（3）中得到的菌液涂布在此平板上，37 ℃条件下，避光过夜倒置培养。

5. 挑选阳性克隆，PCR 检验

（1）用灭菌牙签挑取白色菌落，接种到每孔含有 500 μL LB 液体培养基（AMP 抗性）的 1.5 mL 离心管中，混合均匀，在 37 ℃摇床（220 r/min）中培养 4 h。

（2）取 1 μL 上述菌液为模板，使用 16S rDNA 通用引物进行 PCR 扩增反应，检测转化效率。

（3）1% 琼脂糖凝胶电泳 15 min，凝胶成像系统检测结果，阳性 PCR 产物长度约为 1.7 kb。

6. 测序

挑选阳性克隆，送至测序公司进行测序。

7. 生物信息学技术分析测序数据

利用多种分析软件对测序得到的 16S rDNA 序列进行分析，研究各个培养基中分离的菌群结构特征，详细情况如下：

（1）Blast 分析：将 16S rDNA 序列与 GenBank 中的核酸数据库进行比对（$e < 10^{-5}$），生成相应注释文件，如果 16S rDNA 序列与 GenBank 数据库中的任何序列的相似性小于 95%，则认为该序列是从未报道过的新菌种。

（2）系统进化树分析：利用 CLUSTAL 软件对序列进行多重比对分析，之后利用 MEGA 软件构建系统进化树。

五、实验结果

实验结果记录在表 19-3 中。

表 19-3　细菌鉴定结果

菌　　落	种	属

六、注意事项

分离肠道微生物时全程避免其他细菌的污染。

七、思考讨论

（1）不同鱼类其体内肠道微生物是否相同？为什么？

（2）患病鱼与健康鱼肠道中微生物组成有无差异？给出你的理由。

实验二十　海洋放线菌的分离、培养及鉴定

一、实验目的

学习并掌握海洋放线菌的分离、培养与鉴定方法。

二、实验原理

放线菌是一大类形态极为多样（杆状到丝状）、多数呈丝状生长的原核微生物。它们的细胞构造、细胞壁的化学组成和对噬菌体的敏感性与细菌相同，但在菌丝的形成和外生孢子等方面则类似于丝状真菌。它们以菌落呈放射状而得名。放线菌大多为腐生菌，少数为寄生菌。它们在自然界中分布十分广泛，主要聚居于土壤中。每克土壤中含有数万至数百万个放线菌的孢子，一般在中性或碱性土壤中较多。

放线菌作为海洋微生物的一个重要类群，广泛分布在各种海洋生物生态系统中，如红树林生态系统、海洋沉积物、海水、海藻和海绵等海洋生物表面或体内、珊瑚深海区以及北冰洋、南极等极地环境。其中，红树林生态系统一般位于热带和亚热带的海陆交界处，是海洋、淡水和陆地各种动植物的栖息地，红树林滩涂因含有丰富的腐殖质而备受放线菌的青睐。我国红树林生境的土壤、根际土壤、植物内生等样品的放线菌品种较为丰富，目前已知有 25 属、11 科、8 亚目，其中，优势菌群为链霉菌和小单孢菌。

高氏一号培养基是用来培养和观察放线菌形态特征的合成培养基。若加入适量的抗菌药物（如抗生素、酚等），则可用于分离各种放线菌。此合成培养基中含有多种无机盐，这些无机盐可能因相互作用而产生沉淀，如磷酸盐与镁盐在相互混合时易产生沉淀，因此，在混合培养基成分时，一般按照配方的顺序依次溶解各成分，甚至有时需要将 2 种或多种成分分别灭菌，使用时再按比例混合。此外，有的合成培养基还需补加微量元素，如高氏一号培养基中 $FeSO_4 \cdot 7H_2O$ 的量只有 0.001%，因此，在配制培养基时需预先配成高浓度的 $FeSO_4 \cdot 7H_2O$ 储备液，然后按需加入培养基中。

三、实验材料

（一）实验仪器

超净工作台、pH 计、冷冻离心机、4 ℃冰箱、电子天平、PCR 仪、电泳仪、凝胶成像系统、恒温培养箱、移液枪、灭菌锅、纯水仪、恒温摇床、50 mL 离心管、1.5 mL 离心管、细菌培养皿、锥形瓶、酒精灯、涂布棒等。

（二）实验试剂

无菌水、海水、0.22 μm 滤器、PCR 反应所需试剂、pMD18-T 载体、Solution Ⅰ、高氏一号培养基组分（可溶性淀粉、NaCl、KNO_3、$K_2HPO_4 \cdot 3H_2O$、$MgSO_4 \cdot 7H_2O$、$FeSO_4 \cdot 7H_2O$）、ISP2 培养基与琼脂粉、TE 缓冲液、溶菌酶溶液、蛋白酶 K、10% SDS 溶液、EDTA 溶液、Tris 饱和酚、氯仿、异戊醇、70%乙醇等。

四、实验方法

（一）样品的采集与预处理

前往红树林滩涂，取适量海泥。将采集到的样品保存于 4 ℃低温冰箱中，无菌塑料袋密封保存。

（二）海洋放线菌的分离与培养

称取 5 g 泥样加入 45 mL 无菌水锥形瓶中，37 ℃摇床振荡 10 min，稀释成 10^{-1} g/mL 的海泥悬液；另取装有 9 mL 无菌水的试管 4 支，取已稀释成 10^{-1} g/mL 的海泥悬液 1 mL 加入 9 mL 无菌水的试管中，使之充分混匀，即成 10^{-2} g/mL 海泥稀释液；采用同样的方法（即梯度稀释法）依次得到 10^{-3} g/mL 和 10^{-4} g/mL 海泥稀释液。

取海泥稀释液各 0.2 mL 分别涂布于高氏一号固体培养基上，28 ℃恒温培养 6～7 天，记录各个培养基中菌落的生长情况。将形态较为典型的放线菌菌落挑出，经过 2～3 次划线分离纯化后，转种到 ISP2 斜面培养基中保存菌种，编号后置于 4 ℃冰箱保存备用。

（三）海洋放线菌的鉴定

1. 基因组 DNA 的提取

（1）取 2 mL 已转种到高氏一号液体培养基中孵育 6 天的放线菌，10 000 r/min 离心 5 min，用 TE 缓冲液洗涤 2 遍。

（2）每管加入 TE 缓冲液 200 μL，再加入 10 mg/mL 溶菌酶溶液 15 μL 和 20 mg/mL 蛋白酶 K 溶液 8 μL，充分混匀，37 ℃水浴 4～5 h 后，每管加入 10% SDS 溶液 40 μL 和 10.5 mol/L EDTA 溶液 40 μL，55 ℃水浴过夜。

（3）加等量体积的 Tris 饱和酚，颠倒充分混匀，10 000 r/min 离心 8 min 后，取上清液转至离心管；加等体积氯仿/异戊醇（24∶1），充分混匀，10 000 r/min 离心 5～8 min 后，取上清液转至 1.5 mL 离心管中。

（4）加入等体积异丙醇，-20 ℃沉淀 30 min，8 000 r/min 离心 5 min，70%乙醇洗涤 2 次，每次 8 000 r/min 离心 5 min。将离心管倒置于滤纸上，充分干燥后加 TE

缓冲液 30 μL。

2. 16S rDNA 基因的 PCR 扩增与测序

PCR 反应体系见表 20-1。

表 20-1 PCR 反应体系

成　　分	用　　量
基因组 DNA 模板	4 μL
2×Easy Taq SuperMix	25 μL
上游引物（10 μM）	2 μL
下游引物（10 μM）	2 μL
无菌水	17 μL

引物序列、反应条件、PCR 产物回收、载体连接、挑选阳性克隆、测序、序列分析方法同实验十八。

五、实验结果

实验结果见表 20-2。

表 20-2 细菌鉴定结果

菌　　落	种　　属

（1）简要描述各种菌落的形态特征。

（2）样品中的优势菌落有着怎样的生理特征？

六、注意事项

放线菌的培养时间较长，故制平板的培养基用量可适当增多。

七、思考讨论

为什么选择从海泥中而不是从海水中分离放线菌？

实验二十一　海洋细菌荧光显微计数

一、实验目的
（1）学习并掌握活细菌荧光染色的方法和原理。
（2）掌握荧光显微镜的使用和对细菌活性的判定。

二、实验原理

细菌是海洋生态系统中不可缺少的微生物，主要起到分解者的作用。不同细菌自身分泌的各种酶可以水解海洋中的有机物，细菌还可以吸收可溶性有机物并释放出无机物质。在海水中，仅有活细菌承担分解者作用，而死细菌不具备此活性，因此海洋中活细菌的生长状态和数目比例影响着海洋环境。海水中活细菌的数量估算对于评估细菌在海洋生物生态平衡中的作用具有重要的指导意义。

细菌的数目可通过普通染色计数或荧光染色计数。荧光染色计数中常用的方法有吖啶橙染色法或 DAPI 染色法，但这些方法很难区分死活细菌，从而造成活细菌计数不精准。Live/Dead BacLight Bacterial Viability Kit 死活细菌染液采用 SYTO 9 染料与碘化丙啶（propidium iodide，PI）对细菌样品进行荧光染色，SYTO 9 染料能透过完整的细胞膜与结构受损的细胞膜，将有完整细胞结构的活细菌染成绿色，而碘化丙啶只能渗透受损的死细菌细胞膜，两染料结合在一起将死细菌染成红色，进而实现活细菌和死细菌的区别计数。

三、实验材料

（一）实验样品

海水。

（二）实验仪器

荧光显微镜、过滤器、亲水性滤膜、烤箱、台式高速离心机、漩涡振荡器、载玻片、盖玻片、黑色墨水、平皿、5 mL 玻璃瓶、50 mL 离心管、1.5 mL 离心管。

（三）实验试剂

Live/Dead BacLight Bacterial Viability Kit、无菌水。

四、实验方法

（1）用干净无菌的 50 mL 玻璃瓶采集海水样品。

（2）将 50 mL 海水样品倒至无菌离心管中，5 000 r/min 离心 5 min，弃上清液后加入 2 mL Wash Buffer，漩涡振荡细菌悬液。

（3）继续在海水细菌样品中加入 20 mL Wash Buffer，振荡混匀后，5 000 r/min 离心 5 min。

（4）弃上清液，加入 2 mL Wash Buffer，漩涡振荡细菌悬液供细菌计数用。

（5）将亲水性滤膜平铺于干净平皿中，用吸管吸取适量黑色墨水滴至滤膜圆心处，使滤膜浸透后，于 60 ℃ 烤膜 20 min，室温放置备用。

（6）将死活细菌染液试剂盒中 SYTO 9 和 PI 染料等体积混合配制成工作浓度。

（7）吸取 1 mL 海水细菌悬液样品至 1.5 mL 离心管中，贴壁加入 5 μL SYTO9 和 PI 染料工作液，混匀后室温避光染色 15 min。

（8）将亲水性滤膜放置于无自发荧光的载玻片中心处，吸取 5 μL 染色样品滴至滤膜上，盖上盖玻片后，于荧光显微镜下观察计数，每个海水细菌样品染色计数重复 3 次取平均值。

（9）统计得出载玻片中发绿色荧光的活细菌数和发红色荧光的死细菌数，计算得出该海域每毫升海水中活细菌的数目和所占比例。

五、实验结果

记录所采样的海水样品中活细菌数目和所占比例。

六、注意事项

（1）SYTO9 和 PI 染料是能够渗透细胞膜的小分子，具有较强的致癌作用，在实验染色过程中要严格注意戴手套操作。

（2）荧光显微镜光源对荧光长时间照射有一定的淬灭作用，故在观察计数时，每个视野最好在 1 min 之内完成。

七、思考讨论

（1）为什么要将海水细菌样品染色后滴加在亲水滤膜上观察？

（2）使用荧光显微镜时有哪些注意事项？

实验二十二 海洋真菌的分离、鉴定及其抗菌活性分析

一、实验目的
(1) 掌握分离海洋真菌的方法。
(2) 学习抑菌活性的测定方法。

二、实验原理

海洋微生物种类繁多,因其特殊的生存环境而具有产生新型生物活性物质的巨大潜力,是筛选新药的丰富资源宝库。海洋真菌(marine fungi)是生活在海洋中的能形成孢子且有真核结构的一类微生物,是海洋微生物的一个重要分支。近年来,从海洋真菌中分离鉴定了许多结构新颖的次级代谢产物,这些化合物显示了良好的抗肿瘤、抗菌等生物活性。

本实验从海水和海底淤泥中分离海洋真菌,并从中筛选具有抑菌活性的海洋真菌,对其进行鉴定,为后续研究该真菌的抗菌物质活性、寻找可能的新的抗菌药物奠定基础。

三、实验材料

(一)实验样品

海底泥样品(取自珠江口近岸海区)、金黄色葡萄球菌、大肠杆菌。

(二)实验试剂及培养基

PCR试剂、PDA培养基、LB固体培养基、Taq DNA聚合酶、dNTPs、DNA分子量标准2000(DNA Molecular Weight Marker 0.1~2 kb)、OMEGA胶回收试剂盒。

(三)实验仪器

生化恒温培养箱、电子天平、超纯水装置、湿热高压灭菌器、恒温培养振荡器、洁净工作台。

四、实验方法

(一)海洋真菌的分离

采用涂布平板法分离真菌菌株。取海底泥样品1 g,置于无菌试管中,加入9 mL海水,混匀,静置2 h,取上清液作为海底泥原液。

取 9 支无菌试管，编号 10^{-1}、10^{-2}、10^{-3}、10^{-4}、10^{-5}、10^{-6}、10^{-7}、10^{-8}、10^{-9}，并在每支试管中加入 9 mL 无菌海水。用无菌吸管取 1 mL 海底泥原液，加入 10^{-1} 试管内，摇匀。然后，在 10^{-1} 试管内用无菌吸管取 1 mL 液体，加入 10^{-2} 试管内，摇匀。以此类推，对海底泥原液进行稀释。取 $10^{-6} \sim 10^{-2}$ 稀释浓度样品 100 μL 滴在 PDA 培养基中间位置并用玻璃棒涂布，每个稀释梯度做 3 个平行样品。

接种完放在 28 ℃ 培养箱中培养 3～5 天，每天观察菌落生长状况，用接种针挑取形态不同的真菌菌落，通过划线法接种到 PDA 培养基，在 28 ℃ 培养箱中继续培养 3～4 天。

（二）海洋真菌的纯化

对经过划线法分离的海洋真菌平板进行编号记录，用接种针挑取菌落再次接种到 PDA 培养基上，置于 28 ℃ 培养箱中培养 3～4 天。

（三）抑菌效果观察

分别将 100 μL 金黄色葡萄球菌和大肠杆菌培养液加入无菌培养皿中，倒入 10～15 mL 融化并冷却至 45 ℃ 的 LB 培养基，缓慢摇匀。

待凝固后，通过涂布法接种待测菌株，先置于 37 ℃ 培养箱培养 12 h，再放入 28 ℃ 培养箱内培养，每隔 12 h，初步观察其抑菌效果。

（四）真菌发酵液的抗菌活性测定

用接种针分别挑取具有抑菌活性的真菌菌株接种到 50 mL PDA 液体培养基中，置于 28 ℃ 摇床培养（180 r/min）3～4 天，进行发酵。

收集发酵液在 8 000 r/min、4 ℃ 条件下离心 10 min，取上清液。旋转蒸发浓缩 20 倍，将 1 mL 浓缩液经 0.22 μm 无菌微孔滤膜过滤除菌，滤过液即为粗发酵液。

将 100 μL 金黄色葡萄球菌和大肠杆菌培养液加入 100 mL LB 培养基中，缓慢摇匀后倒入无菌平板。

待凝固后，在培养皿上用 10～100 μL 的枪头打 3 个孔，打完孔用无菌针头将琼脂孔中的培养基挑出（打孔时一次打孔，不能转动枪头，以防琼脂圈裂缝，影响药液扩散以致抑菌圈不均匀，每次无菌针头挑完后都要用酒精灯烧一下灭菌）。各孔中心之间相距 2.5 cm 以上，与培养皿的周缘相距 1.5 cm 以上。用微量移液器吸取 40 μL 粗发酵液加到琼脂孔内（3 个孔为一组），盖好培养皿。37 ℃ 培养 24 h，观察是否对金黄色葡萄球菌和大肠杆菌的生长有抑制作用，用游标卡尺测量抑菌圈的直径并记录。抗菌活性测定实验重复做 3 次。

将不加粗发酵液的培养皿、加入配制抑菌剂的溶剂作为阳性对照，将未接种菌的培养皿作为阴性对照。

(五) 真菌的鉴定

1. 形态鉴定

将筛选出的对金黄色葡萄球菌和大肠杆菌具有拮抗作用的真菌菌株进行群体形态鉴定，参考《真菌鉴定手册》观察菌落的形态，对菌株的菌落大小、高度、边缘、质地、渗出物、正反面的颜色、表面纹饰等特征进行观察并记录。

采用吕氏碱性美蓝染色镜检法对菌株进行个体形态鉴定。

2. 菌落 PCR

挑取菌落，溶于 10 μL 无菌水中，经变性后离心，取 1.5 μL 上清液用作 PCR 扩增模板。使用通用引物扩增真菌的 26S rDNA D1/D2 区。引物序列为 NL1 (5'TCCGTAGGTGAACC TGCGG3')、NL4 (5'TCCTCCGCTTATTGATATGC3')。反应体系的总体积为 25 μL，包括 1 单位的 Taq 酶、10 × buffer 2.5 μL、dNTP（各 2.5 mmol/L）4 μL、10 μmol/L 的 NL1/NL4 引物各 1 μL、菌液上清液 1.5 μL，最后补加灭菌双蒸水到 25 μL。反应条件为：94 ℃预变性 4 min，94 ℃变性 30 s，55 ℃退火 45 s，72 ℃延伸 1 min，共 35 个循环，最后 72 ℃延伸 10 min。取 5 μL PCR 产物用 1% 琼脂糖凝胶电泳检测。

3. PCR 扩增产物回收及纯化

将所得 PCR 产物进行条带分析比对、切胶回收，采用 DNA 胶回收试剂盒进行纯化回收。

4. 载体连接

将回收产物进行 TA 克隆。

连接反应体系见表 22 - 1。

表 22 - 1　连接反应体系

成　　分	用　　量
纯化的 PCR 产物	1.5 μL
pMD 18-T 载体	0.5 μL
无菌水	0.5 μL
Solution I	2.5 μL

所有组分充分混匀后，将 0.2 mL 离心管放入 16 ℃水浴连接过夜。

5. 转化

（1）将在载体连接中得到的连接产物（共 5 μL）和 50 μL DH5α 感受态大肠杆菌加入 1.5 mL 离心管中，混合均匀，在冰上放置 30 min。在混合时尽量不要产生气泡，以免影响转化效率。

（2）将离心管放入 42 ℃水浴锅中热激 90 s 后，在冰上放置 3～5 min。

(3) 加入 1 mL LB 液体培养基，在 37 ℃ 摇床（220 r/min）中培养 1 h。

(4) 将 X-gal 和 IPTG 以 2∶1 的比例涂布在含有氨苄青霉素（AMP）的 LB 固体培养基上，之后取适量步骤（3）中得到的菌液涂布在此平板上，37 ℃ 条件下，避光过夜倒置培养。

6. 挑选阳性克隆，PCR 检验

(1) 用灭菌牙签挑取白色菌落，接种到每孔含有 500 μL LB 液体培养基（AMP 抗性）的 1.5 mL 离心管中，混合均匀，在 37 ℃ 摇床（220 r/min）中培养 4 h。

(2) 取 1 μL 上述菌液为模板，使用 26S rDNA 通用引物进行 PCR 扩增反应，检测转化效率。

(3) 1% 琼脂糖凝胶电泳 15 min，凝胶成像系统检测结果，阳性 PCR 产物长度约为 700 bp。

7. 测序

挑选阳性克隆，送至生物技术公司测序。

8. 生物信息学技术分析测序数据

利用多种分析软件对测序得到的 26S rDNA 序列进行分析，研究各个培养基中分离的菌群结构特征，详细情况如下：

(1) Blast 分析。将 26S rDNA 序列与 GenBank 中的核酸数据库进行比对（$e < 10^{-5}$），生成相应注释文件，确定菌株种类。

(2) 系统进化树分析。利用 CLUSTAL 软件对序列进行多重比对分析，之后运用 MEGA 6.0 中邻位相连法（neighbor joining，NJ）法构建系统进化树，应用自展法（bootstrap）检验系统进化树，自展数据集为 1 000 次。

五、实验结果

(1) 描述真菌的分离结果、形态特征。
(2) 记录具有抑菌活性的海洋真菌鉴定结果。
(3) 将海洋真菌抑菌圈测定结果记录在表 22-2 中。

表 22-2　海洋真菌抑菌圈直径

单位：mm

真菌名称	对金黄色葡萄球菌抑菌圈直径	对大肠杆菌抑菌圈直径

阳性对照结果：＿＿＿＿＿＿＿＿＿＿＿＿＿＿

阴性对照结果：＿＿＿＿＿＿＿＿＿＿＿＿＿＿

注：抑菌圈直径小于或等于 7 mm 者，判为无抑菌作用。抑菌圈直径大于 7 mm 者，判为有抑菌作用。大于 7 mm 小于 10 mm 判为钝敏；大于 10 mm 小于 20 mm 判为中敏；大于 20 mm 为高敏。3 次重复试验均有抑菌作用结果者判为合格。

六、注意事项

（1）接种用细菌悬液的浓度应符合要求。浓度过低，接种菌量少，抑菌圈常因此增大；浓度过高，接种量过多，抑菌圈则可减小。

（2）应保持琼脂浓度的准确性，否则可影响抑菌圈的大小。

（3）培养时间不得超过 18 h。培养过久，部分细菌可恢复生长，抑菌圈变小。

七、思考讨论

抑菌圈的直径可能受到哪些因素的影响？

实验二十三　絮凝法分离和浓缩海洋病毒

一、实验目的

(1) 了解从海水中利用铁、铝和聚电解质有效絮凝病毒的原理。
(2) 学习并掌握利用铁、铝和聚电解质从海水中有效絮凝病毒的方法。

二、实验原理

病毒是海洋世界中最丰富的生物实体，也是原核生物的第二大生物质组分。尽管它们体型小，但它们对海洋生态系统产生了巨大的影响。病毒不仅影响着全球生物化学循环，还影响着许多海洋食物网和海洋种群动态以及微生物宿主的生活。对于病毒的研究主要依靠浓缩方法，现如今已发展出将化学技术应用于病毒浓缩的新方法，该方法主要利用铁、铝和聚电解质等絮凝剂有效地絮凝或清除废水中的病毒，去除率高达99%。$FeCl_3$是一种有效的、便宜的无毒絮凝剂，使用$FeCl_3$絮凝、过滤和再悬浮病毒，然后使用生物学良性溶剂重新溶解铁 – 病毒絮凝物，可有效地从水样品中提取病毒。

基于$FeCl_3$的新方法进行海洋病毒的浓缩充分地结合了传统方法和化学技术，因此，本实验主要以此类新方法来浓缩海水中的海洋病毒。首先，海水预先经过过滤除去单细胞藻类和其他颗粒物质。然后，在每10 L海水病毒提取液中加入1 mL的铁溶液（10 g/L $FeCl_3$），使Fe最终浓度为1 mg/L，轻轻混合后在室温下温育1 h，促使铁 – 病毒絮凝物形成。产生的絮凝以最小化超压继续收集在过滤器上，之后将过滤膜放入50 mL离心管中，并储存在黑暗中4 ℃保存直至重新悬浮。在室温下加入10 mL重悬缓冲液重悬病毒，当有沉淀溶解后，含有病毒的缓冲液可进行后续的鉴定。

三、实验材料

（一）实验样品

海水样品。

（二）实验器材

无菌培养皿、无菌水、灭菌过滤器、聚碳酸酯膜（142 mm 直径，10 μm、3 μm、1 μm、0.2 μm孔径）、接种环、酒精灯、无菌三角瓶、恒温箱摇床、无菌移液管、PCR仪、离心管、电泳槽、电泳仪。

(三) 实验试剂

重悬缓冲液（0.25 mol/L 抗坏血酸、0.2 mol/L mg_2EDTA，pH 为 6~7）。

四、实验方法

（1）将海水样品在不锈钢过滤器支架上利用蠕动压力泵进行预过滤，采用 10 μm 孔径、142 mm 直径的聚碳酸酯膜，以除去大颗粒物质。过滤后的海水标记为初级过滤海水。

（2）将初级过滤海水样品在装有 3 μm 和 0.2 μm 孔径滤膜的过滤器上依次分别进行次过滤，以除去其他单细胞藻类等。过滤后的海水为含有病毒组分的海水。

（3）将 $FeCl_3$ 絮凝剂与含有病毒组分的海水混匀后一起温育 1 h。

（4）将絮凝剂与含有病毒组分的海水混合液放在过滤器中，采用 1 μm 孔径、142 mm 直径的聚碳酸酯膜进行过滤浓缩。

（5）滤膜存放在 4 ℃黑暗条件下直至重悬。

（6）在室温下加入 10 mL 重悬缓冲液重悬病毒，当有沉淀溶解后，含有病毒的缓冲液可进行后续的鉴定。

（7）将 1 mL 含有病毒组分的海水用甲醛（终浓度为2%）固定以检测浓度，用 SYBR gold 染色过滤液，通过荧光显微镜技术对病毒进行计数。

（8）提取海水浓缩液中病毒的基因组 DNA，在 1.2% 琼脂糖凝胶中进行电泳分析。

五、实验结果

记录依据荧光显微技术测得的含病毒组分的海水样品中浓缩到的病毒浓度。

六、注意事项

在分离浓缩病毒的过程中，首先依次利用不同孔径的滤膜过滤掉杂物和其他微生物，再进行 $FeCl_3$ 沉淀浓缩。

七、思考讨论

分析该实验方法的优缺点。

实验二十四　超滤法浓缩海洋病毒

一、实验目的

掌握切向流超滤系统的原理。

二、实验原理

超滤是一种加压膜分离技术,即在一定的压力下,使小分子溶质和溶剂穿过一定孔径的特制薄膜,而使大分子溶质不能透过,留在膜的一边,从而使大分子物质得到部分纯化。超滤是以压力为推动力的膜分离技术之一,以大分子与小分子分离为目的。

在分离中通常有2种类型的过滤:垂直过滤和切向流过滤。在垂直过滤中,所有的流体直接通过滤膜,被截留的物质堆积在膜表面。由于这些物质的堆积,通过滤膜的流量迅速下降直至完全停止。

切向流过滤与常规垂直过滤不同,在切向流过滤中,液体切向流过膜表面,流体产生的跨膜压力将部分溶液压过超滤膜包,截流部分则在系统中循环超滤。整个过程中液体以一定速度连续流过超滤膜表面,过滤的同时也对超滤膜表面进行了冲刷,使膜表面不会形成凝胶层,从而保持稳定的超滤速度,见图24-1。

切向流过滤通常用于浓缩、被膜截留溶液的脱盐,或用于收集透过膜的物质。小于膜孔或名义分子量限制的物质能够通过膜从而从大分子溶液中分离出来。大于膜孔或分子截留限制的物质被截留并且被浓缩,从而与小分子物质分开。通常截流分子量范围: 1~1 000 kD。

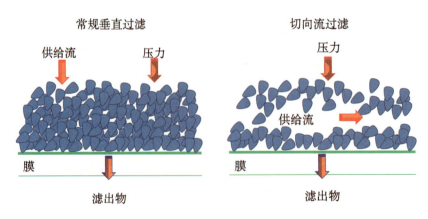

图24-1　常规垂直过滤和切向流过滤

超滤系统一般包括回流罐、补液罐、泵、质量流量计、压力传感器、温度传感器、隔膜阀（气动、手动）、压力控制阀、电控箱、管道、夹具等，见图24-2。

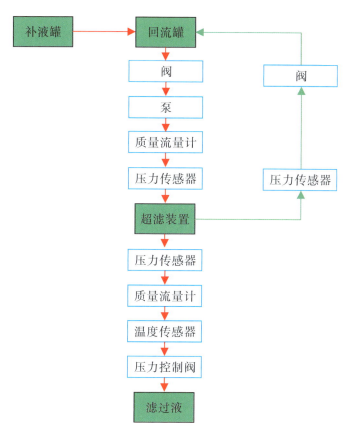

图24-2　超滤系统流程

图24-3为病毒浓缩的流程，在此过程中，被膜截留的物质从回流口流出又回到原来的产品容器内，透过膜的物质流出透过液口进入透过液的收集容器。

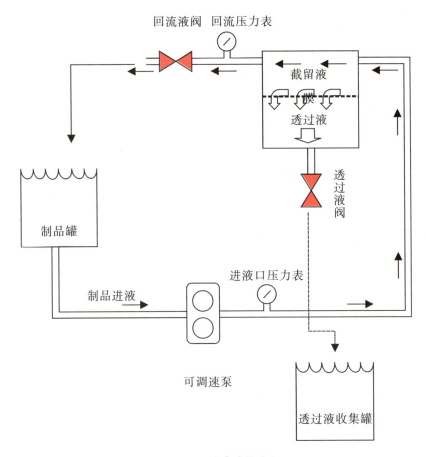

图 24-3　病毒浓缩流程

病毒的很多特征，其大小、形态、结构等必须借助电子显微镜进行检查。对于目前尚难培养而形态又非常典型的病毒，可直接以病毒浓缩液为材料进行电子显微镜检查，直接观察病毒粒子。

三、实验材料

1. 实验样品

50 L 海水。

2. 实验试剂

1 mol/L NaOH、20% 乙醇、纯净水。

3. 实验仪器

蠕动泵、天平、5 L 烧杯、1 L 量筒，收集过滤后料液的桶、装超滤液和透过液的桶（废液桶）、超滤膜包（见表 24-1）、过滤器（见表 24-2）。

表 24 – 1　超滤膜包

膜包型号	材　质	孔　径	面积/m²	数　量
PES ECO	聚醚砜材质	30 kD	0.14	1
VIVAFLOW 200 PES	聚醚砜材质	30 kD	0.02	1

表 24 – 2　过滤器

过滤器型号	材　质	孔径/μm	面积/m²	数量/盒
5055303P0 – SS – V	聚丙烯材质	1.2	0.3	1
5445307H8 – SS – A	聚醚砜材质	0.45 + 0.2	0.1	1

四、实验方法

1. 超滤前过滤样品

（1）用孔径 1.2 μm 的滤器（聚丙烯材质）初滤海水，蠕动泵速度为 200 r/min，注意观察压力表，当压力上升到 1.2 bar 或料液用完时，停止过滤。

（2）采用孔径 0.45～0.2 μm 的聚醚砜材质除菌过滤器对已经过 1.2 μm 预过滤器的溶液进行第二级过滤，蠕动泵速度为 300 r/min，具体可根据实际情况进行调整，当压力上升到 2 bar 时，停止过滤。

2. 超滤浓缩实验

（1）用 25 N·m 力矩将 PES 30 kD ECO 膜包安装在超滤夹具上。

（2）将压力表、软管、阀门等与夹具连接起来。

（3）用 1 mol/L NaOH 清洗系统 10 min，然后用纯水冲洗到中性。

（4）用 2 L 海水先润洗系统 2 min，然后开始进行 50 L 超滤浓缩实验，对样品进行浓缩处理。压力指示为：P_{in} = 2 bar，P_{out} = 0.5 bar（如果病毒不稳定就用 P_{in} = 1.5 bar，P_{out} = 0.5 bar）。

（5）当浓缩至最小循环体积（200 mL 左右）时，第一步超滤浓缩结束，然后把浓缩液转移到 VIVAFLOW 200 系统进行第二步超滤浓缩处理，浓缩到最小循环体积后结束。将海水浓缩样品放于 -80 ℃ 超低温冰箱冻存。

（6）超滤浓缩实验结束后，用 1 mol/L NaOH 清洗系统，然后用纯化水冲洗到中性，用 20% 乙醇或 0.1 mol/L NaOH 保存膜包。

3. 海洋病毒的观察

将制备好的海洋病毒悬浮液样品用毛细吸管吸取，滴于带有支持膜的铜网上。根据悬液内病毒的浓度，立即或放置数分钟后，用滤纸从液珠边缘吸去多余液体，即可滴上染液，染色时间 1～2 min。然后用滤纸吸去染液，待干燥后即可在电镜下观察。

五、实验结果

（1）观察并描述浓缩后海水的状态。
（2）在电子显微镜下观察病毒的形态。

六、注意事项

（1）取新鲜海水用于病毒浓缩。
（2）根据实验需求，调整最终浓缩的病毒体积。

七、思考讨论

通过超滤法浓缩得到的病毒是否会含有非病毒的其他成分？原因是什么？

附录一　常用染色液和试剂配方

1. 吕氏（Loeffler）碱性美蓝液（见附表 1-1）

附表 1-1　吕氏（Loeffler）碱性美蓝液配方

溶液名称	试剂	用量
A 液	美蓝（methylene blue）	0.6 g
	95% 乙醇	30 mL
B 液	KOH	0.01 g
	蒸馏水	100 mL

分别配制 A 液和 B 液，配好后混合即可。

2. 革兰氏（Gram）染色液

（1）草酸铵结晶紫液，见附表 1-2。

附表 1-2　草酸铵结晶紫液配方

溶液名称	试剂	用量
A 液	结晶紫（crystal violet）	2 g
	95% 乙醇	20 mL
B 液	草酸铵（ammonium oxalate）	0.8 g
	蒸馏水	80 mL

混合 A、B 二液，静置 48 h 后使用。

（2）卢氏（Lugol）碘液，见附表 1-3。

附表 1-3　卢氏（Lugol）碘液配方

试剂	用量
碘片	1.0 g
碘化钾	2.0 g
蒸馏水	300 mL

先将碘化钾溶解在少量水中,再将碘片溶解在碘化钾溶液中,待碘全溶后加足水即成。

(3) 95%乙醇溶液。

(4) 番红复染液,见附表1-4。

附表1-4 番红复染液配方

试　剂	用　量
番红(safranine O)	2.5 g
95%乙醇	100 mL

取上述配好的番红乙醇溶液10 mL与80 mL蒸馏水混匀即成。

3. 芽孢染色液

(1) 孔雀绿液,见附表1-5。

附表1-5 孔雀绿液配方

试　剂	用　量
孔雀绿(malachite green)	5 g
蒸馏水	100 mL

(2) 番红水溶液,见附表1-6。

附表1-6 番红水溶液配方

试　剂	用　量
番红	0.5 g
蒸馏水	100 mL

4. 荚膜染色液

(1) 黑色素水溶液(或碳素绘图墨水),见附表1-7。

附表1-7 黑色素水溶液配方

试　剂	用　量
黑色素	5 g
蒸馏水	100 mL
福尔马林(40%甲醛)	0.5 mL

将黑色素在蒸馏水中煮沸 5 min,然后加入福尔马林作防腐剂。

(2) 1%甲基紫水溶液。

(3) 番红染色液(与革兰氏染色液中的番红染色液相同)。

5. 美蓝(methylene blue)染液

在盛有 52 mL 95%乙醇和 44 mL 四氯乙烷的三角瓶中,慢慢加入 0.6 g 氯化美蓝,旋摇三角瓶,使其溶解。在 5~10 ℃下放置 12~24 h,再加 4 mL 冰醋酸。用滤纸过滤。贮存于清洁的密闭容器中。

6. 5%石碳酸溶液(见附表 1-8)

附表 1-8 5%石碳酸溶液配方

试 剂	用 量
石碳酸(苯酚)	5 g
水	100 mL

7. 0.1%升汞水(剧毒)(见附表 1-9)

附表 1-9 0.1%升汞水(剧毒)配方

试 剂	用 量
升汞($HgCl_2$)	1 g
盐酸	2.5 mL
水	997.5 mL

8. 10%漂白粉溶液(见附表 1-10)

附表 1-10 10%漂白粉溶液配方

试 剂	用 量
漂白粉	10 g
水	100 mL

9. 5%甲醛溶液（见附表1-11）

附表1-11　5%甲醛溶液配方

试　剂	用　量
甲醛原液（40%）	100 mL
水	700 mL

10. 3%过氧化氢（见附表1-12）

附表1-12　3%过氧化氢配方

试　剂	用　量
30%过氧化氢原液	100 mL
水	900 mL

11. 75%乙醇（见附表1-13）

附表1-13　75%乙醇配方

试　剂	用　量
95%乙醇	75 mL
水	25 mL

12. 2%来苏尔（煤酚皂液）（见附表1-14）

附表1-14　2%来苏尔（煤酚皂液）配方

试　剂	用　量
50%来苏尔	40 mL
水	960 mL

13. 0.25%新洁尔灭（见附表1-15）

附表1-15　0.25%新洁尔灭配方

试　剂	用　量
5%新洁尔灭	5 mL
水	95 mL

14. 0.1%高锰酸钾溶液（见附表1-16）

附表1-16　0.1%高锰酸钾溶液配方

试　剂	用　量
高锰酸钾	1 g
水	1 000 mL

15. 3%碘酊（见附表1-17）

附表1-17　3%碘酊配方

试　剂	用　量
碘	3 g
碘化钾	1.5 g
95%乙醇	100 mL

16. 细菌冻存液

30%灭菌甘油。

附录二 微生物培养基的配制

1. 牛肉膏蛋白胨培养基（培养细菌用）（见附表 2-1）

附表 2-1　牛肉膏蛋白胨培养基配方

试　剂	用　量
牛肉膏	3 g
蛋白胨	10 g
NaCl	5 g
琼脂	15～20 g
水	加至 1 000 mL
pH	7.0～7.2

121 ℃灭菌 20 min。

2. （Luria-Bertani）培养基（见附表 2-2）

附表 2-2　LB 培养基配方

试　剂	用　量
蛋白胨	10 g
酵母膏	5 g
NaCl	10 g
蒸馏水	加至 1 000 mL
pH	7.0

121 ℃灭菌 20 min。

3. ZoBell 2216E 培养基基本配方（ZoBell，1941）（见附表 2-3）

附表 2-3　ZoBell 2216E 培养基基本配方

试　剂	用　量
蛋白胨	5 g
酵母膏	1 g
硝酸铵	1.6 mg
硼酸	22 mg
$CaCl_2$	1.8 g
Na_2HPO_3	8 mg
柠檬酸铁	0.1 g
$MgCl_2$	8.8 g
KBr	0.08 g
KCl	0.55 g
$NaHCO_3$	0.16 g
NaF	2.4 mg
硅酸钠	4 mg
Na_2SO_4	0.324 g
$SrCl_2$	34 mg
蒸馏水	加至 1000 mL
pH	7.6

121 ℃高压蒸汽灭菌 20 min。如需制备固体培养基，则加 2% 琼脂。目前，国外主要应用人工合成的成品海洋琼脂 2216（Marine agar 2216）或者海洋肉汤 2216（Marine agar 2216），国内也有类似产品（如青岛海博生物技术有限公司产品）。

4. 简化的 2216E 培养基（见附表 2-4）

附表 2-4　简化的 2216E 培养基配方

试　剂	用　量
蛋白胨	5 g
酵母膏	1 g
$FePO_4$	0.01 g
陈海水	加至 1 000 mL
pH	7.6

121 ℃灭菌 20 min。如需制备固体培养基，可加 2% 琼脂。

5. 海洋 R2A 培养基（见附表 2-5）

附表 2-5　海洋 R2A 培养基配方

试　剂	用　量
酵母提取物	0.5 g
朊蛋白胨	0.5 g
酪蛋白	0.5 g
葡萄糖	0.5 g
可溶性淀粉	0.5 g
丙酮酸钠	0.3 g
海水	750 mL
蒸馏水	250 mL

在加入琼脂前需调整 pH 为 7.6，121 ℃灭菌 30 min。如需制备固体培养基，可加 2%琼脂。

6. TCBS 培养基（见附表 2-6）

TCBS（thiosulfate citrate bile salts sucrose agar culture medium，硫代硫酸钠柠檬酸盐胆汁盐蔗糖）培养基是分离和鉴定弧菌最常见的培养基。弧菌一般可在 TCBS 平板上生长，菌落一般呈现绿色、黄绿色和黄色等。

附表 2-6　TCBS 培养基配方

试　剂	用　量
蛋白胨	10 g
酵母膏	5 g
硫代硫酸钠	10 g
柠檬酸钠	10 g
牛胆汁盐	8 g
蔗糖	20 g
NaCl	10 g
柠檬酸铁	1 g
溴麝香草酚蓝	0.04 g（1% 溶液 4 mL）
琼脂	20 g
蒸馏水	加至 1 000 mL
pH	8.6

注意不要高压灭菌，煮沸 10 min 即可。目前，国内外一般都应用人工合成的成

品 TCBS 脱水培养基。

7. 海洋放线菌分离培养基 M1（Takizawa et al.，1993）（见附表 2-7）

附表 2-7　海洋放线菌分离培养基 M1 配方

试　剂	用　量
可溶性淀粉	10 g
K_2HPO_4	2 g
KNO_3	2 g
NaCl	5 g
酪蛋白	0.3 g
$MgSO_4 \cdot 7H_2O$	0.05 g
$CaCO_3$	0.02 g
$FeSO_4 \cdot 7H_2O$	0.01 g
琼脂	20 g
陈海水	加至 1 000 mL

8. 发光菌培养基（见附表 2-8）

可用以下的发光菌培养基（luminescence medium，LM medium）对海水或海泥中的发光菌进行分离培养，该培养基能促进海洋发光菌菌株的发光。

附表 2-8　发光菌培养基配方

试　剂	用　量
甘油	3 mL
酵母膏	5.0 g
胰蛋白胨或鱼蛋白胨	5.0 g
$CaCO_3$	1.0 g
琼脂	20 g
陈海水	加至 1 000 mL
pH	7.8～8.0

121 ℃灭菌 20 min。

9. 海洋酵母菌的分离与培养基（见附表 2-9）

附表 2-9 海洋酵母菌的分离与培养基配方

试　剂	用　量
蛋白胨	20 g
酵母粉	10 g
葡萄糖	20 g
琼脂	20 g
陈海水	加至 1 000 mL
pH	6.5

121 ℃灭菌 30 min。可加适当的抗生素，如氯霉素、链霉素、新霉素或卡那霉素，一般用 100～200 mg/L，主要为了抑制革兰氏阴性菌的生长。

10. 半固体葡萄糖发酵培养基（见附表 2-10）

附表 2-10 半固体葡萄糖发酵培养基配方

试　剂	用　量
蛋白胨	10 g
NaCl	5 g
葡萄糖	10 g
琼脂	5 g
蒸馏水	加至 1 000 mL

加 1% 溴甲酚紫指示剂至紫色，pH 调至 7.4～7.6。

11. Marine gause I 培养基（见附表 2-11）

附表 2-11 Marine gause I 培养基配方

试　剂	用　量
淀粉	20 g
硝酸钾	1 g
磷酸氢二钾	0.5 g
氯化钠	0.5 g
硫酸镁	0.01 g

将上述试剂充分溶解在 1 L 陈海水中，将 pH 调至 7.2 高压灭菌后，备用。如需制作相应固体培养基，则需在配制时额外加入琼脂粉（琼脂浓度为 1.5 g/L），高压灭菌。

12. ISP2 培养基（见附表 2-12）

附表 2-12 ISP2 培养基配方

试　　剂	用　　量
酵母提取物	4 g
麦芽提取物	10 g
葡萄糖	4 g
琼脂	15 g
蒸馏水	1 000 mL

将 pH 调至 7.3 高压灭菌后，备用。

参 考 文 献

［1］张晓华. 海洋微生物学［M］. 2版. 北京：科学出版社，2018.

［2］王祥红. 微生物与海洋微生物学实验［M］. 青岛：中国海洋大学出版社，2011.

［3］蔡信之，黄君红. 微生物学实验［M］. 3版. 北京：科学出版社，2010.

［4］谢建平. 图解微生物实验指南［M］. 北京：科学出版社，2012.

［5］李娟，黄健，唐学玺. 一种从大体积海水中有效提取病毒颗粒的简易方法［J］. 渔业科学进展，2005，26（2）：68－72.

［6］张瑜斌，崔焱芸，郑运，等. 甲醛固定对Live/Dead BacLight Bacterial Viability Kit死活细菌染液荧光显微计数海洋细菌的影响［J］. 生态科学，2013，32（5）：636－641.

［7］魏景超. 真菌鉴定手册［M］. 上海：科学技术出版社，1979.

［8］齐麟. 两株海洋放线菌的筛选鉴定及其次级代谢产物研究［D］. 天津：天津大学，2017.